国家自然科学基金项目(40772192、41172291)资助
江苏高校优势学科建设工程项目资助

孔隙介质化学注浆体渗透机理研究

张改玲　姜振泉　著

中国矿业大学出版社
·徐州·

内容提要

本书在对数个矿区厚松散层的工程地质特性研究的基础上，分析了厚松散砂层的物理力学性质、渗透特性及砂层的可注性；分析了化学注浆浆液扩散规律、注浆固砂体渗透性分区；研制了气压控制式注浆试样制备装置，制备了注浆体渗透试样。利用高压三轴试验仪进行高压渗透试验，分析化学注浆固砂体的高压渗透特征，对渗透实验后注浆体试样进行微观分析，提出了化学注浆固砂体的微孔孔径结构的分类方案及其孔喉简化模型。

本书可供从事煤矿工程地质、环境地质、岩土工程、水文地质、地质工程防灾等教学、科研人员以及工程勘探、设计、施工、监理等方面的工程技术人员和管理人员参考使用，也可作为相关专业本科生和研究生的教学参考书。

图书在版编目(CIP)数据

孔隙介质化学注浆体渗透机理研究/张改玲，姜振泉著. 徐州：中国矿业大学出版社，2015.11

ISBN 978-7-5646-2921-2

Ⅰ.①孔… Ⅱ.①张…②姜… Ⅲ.①多孔介质－化学灌浆－研究 Ⅳ.①TU755.6

中国版本图书馆 CIP 数据核字(2015)第266305号

书　　名　孔隙介质化学注浆体渗透机理研究

著　　者　张改玲　姜振泉

责任编辑　潘俊成

出版发行　中国矿业大学出版社有限责任公司

（江苏省徐州市解放南路　邮编 221008）

营销热线　(0516)83884103　83885105

出版服务　(0516)83995789　83884920

网　　址　http://www.cumtp.com　**E-mail**:cumtpvip@cumtp.com

印　　刷　江苏凤凰数码印务有限公司

开　　本　787 mm×960 mm　1/16　**印张** 9.5　**字数** 186 千字

版次印次　2015 年 11 月第 1 版　2015 年 11 月第 1 次印刷

定　　价　36.00 元

前　言

本书是国家自然科学基金项目“矿井溃砂地质灾害化学注浆治理机制与过程监控(40772192)”和国家自然科学基金项目“矿山高围压土体卸载孔隙水压力急增致灾机制(41172291)”的部分研究成果，本书的出版还得到了江苏高校优势学科建设工程项目(地质资源与地质工程)的支持。

全书共分为7章，第1章绪论，主要介绍了化学注浆在水砂突涌和井筒破坏防治中的意义、国内外研究现状、化学注浆固结体渗透性研究方面急需解决的问题、本书的研究内容和技术路线等；第2章工程地质背景，介绍了矿区厚松散层的工程地质层组划分与组合特征、厚松散层的物质组成、厚松散层的物理力学性质，利用已有勘探、试验结果，分析注浆前厚松散层砂的粒度成分与渗透性，结合国内外文献分析松散层的可注性；第3章砂层化学注浆浆液扩散特征，通过模型试验模拟富水性好、渗透性差的半胶结砂岩中浆液的扩散规律，对课题组先期模型试验注浆固砂体切片进行图像分析，明确了化学浆液在砂层和半固结砂层中的扩散运移规律，浆液浓度的分区必然会造成注浆体渗透性和抗渗性能的差异；第4章砂土的高压三轴渗透特性研究，采用静态高压三轴试验系统，通过对砂样在高围压条件下的渗透试验，获得了砂土样在不同围压、不同渗透水力梯度条件下的渗透系数变化特征；第5章化学注浆固砂体高压渗透性研究，首先对半胶结砂岩模型取样加工成标准试样后进行高压渗透试验，但由于存在试样加工困难及试样精度问题，为直接获得三轴试验要求直径、高度的注浆固砂体试样，研制了气压控制式注浆试样制备装置，获得粗砂、细砂、黏土质砾砂三种注浆固砂体并进行了不同围压、不同渗透水力梯度的高压渗透试验；为研究距离注浆孔不同距离、化学浆液充填量不同的化学浆液固砂体的渗透性，进行了不同高围压、不同水力梯度条件下的三轴渗透特征研究；第6章化学注浆固砂体渗透试样的微观结构，在分析国内外有关微孔隙孔径分类方案的基础上，根据不同化学注浆固砂体的累计进汞量、阶段进汞量与孔径关系特点，统计了曲线发生突变的点的孔径，提出了化学注浆固砂体微孔孔径结构的分类方案，根据化学注浆固砂体的微孔喉特征，提出了孔喉简化模型，分析了渗透系数与微观结构的关系；第7章为结论。

本著作初稿主要由张改玲完成，姜振泉编写了第3章部分内容并审阅了全书，提出了指导和修改意见，最后由张改玲定稿。

在有关项目的研究中，得到了中国矿业大学隋旺华教授、李文平教授、孙亚军教授、曹丽文教授，同济大学叶为民教授，中国科学院地质与地球物理研究所胡瑞林教授，南京大学施斌教授、李晓昭教授，安徽理工大学吴基文教授的指导和帮助，中国矿业大学刘盛东教授的研究生路拓为模型试验的声波测试提供了帮助，姜振泉教授课题组的部分青年教师与研究生参与了项目的部分研究工作，在此一并表示衷心的感谢！

作者在研究和写作过程中参考和引用了相关学者及技术人员的文献和资料，这些文献为本书提供了重要研究基础和背景，在此谨向原作者表示衷心感谢，如有引述不当或疏忽之处，也敬请原作者原谅。

关于化学注浆固结体渗透机理的研究，本书成果仅仅是起步，后续的研究仍在进行，真诚地期待各位专家学者和工程技术人员多提宝贵意见。

著 者

2015年6月

目　录

1 绪　论

1.1 矿井溃砂灾害及治理研究的意义与现状

矿井溃砂地质灾害对煤矿井筒、巷道、采场等安全、正常使用和生产构成了严重威胁。例如,20 世纪 80 年代末至今,兖州、济宁、淮南、淮北、大屯、徐州等东部矿区 100 多个井筒发生过程度不同的破裂变形和涌水溃砂灾害(图 1-1),不但造成了数百亿的直接经济损失,也成为井筒安全运营的重大安全隐患。我国经过近 30 年的研究与实践,基本上认清了大范围井壁破裂地质灾害形成的机理,"竖向附加力"假说得到了学术界和工程界的较普遍认同[1-3],为此类井筒地质灾害治理提供了技术依据,内套井圈(加喷射混凝土)技术、卸压槽技术、注浆防渗与加固地层技术等治理措施及新建井筒的预防性措施得到了广泛应用[4-6]。但是,由于煤矿开采引起的地下水位持续下降及土层流变等影响,井筒破坏往往呈现出多次或周期性的特点,经过治理后的井壁往往在 2～4 年后再次发生破坏,大部分井筒都已经历过多次破坏,迫使井壁破裂及水砂灾害防治成为煤矿重要的经常性的安全技术工作。

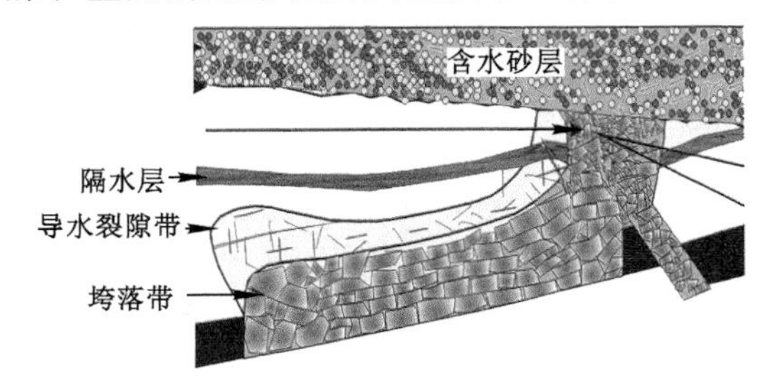

图 1-1　矿井溃砂灾害示意图

近年来,华东、华北和西北地区许多煤矿开采上限提高的程度以及由此产生的水文地质工程地质问题的复杂性,都是国内外采矿界所罕见的。这些煤矿覆岩厚度大部分小于 60 m,时刻面临着水砂突涌的威胁。突水涌砂事故轻者冲垮工作面、淹没设备、增加矿井排水负担,严重者造成人员伤亡和淹井。

全国已经发生数十起近松散层开采导致上部含水层水砂突涌和淹井事故，造成重大经济损失，严重威胁矿工生命安全。矿井建设和生产实践表明，矿井溃砂灾害已经成为矿井的重大地质灾害之一，溃砂灾害的形成机制、风险评价和治理措施的研究引起学术界和工业界的关注，并已经取得初步成果[7-16]。

注浆防渗和地层加固技术被普遍应用于破裂井壁及溃砂灾害的治理中，它不仅作为一种独立的技术方案被采用，更重要的是作为保障井筒内设备安全运行、开挖卸压槽和采取其他治理方案的先决条件。注浆方法又分为地面注浆和壁后注浆（井筒内破壁注浆）两种，而壁后注浆和卸压槽结合的治理方案成为较普遍的选择[3-6,17-18]。水泥浆或者水泥水玻璃双液浆在封堵破裂井壁出水点时短期效果比较明显，长期防渗效果差，其原因是壁后土层中常含有较多的粉粒和黏粒成分，水泥浆液在其中扩散性极差，难以取得预期的固砂防渗效果。

另一方面，对于经过重复或多次破坏的井壁来说，水泥浆较高的注浆压力对井壁的安全和稳定性也构成了严重威胁。例如山东兖州兴隆庄煤矿主井第二次治理中（图 1-2），在第一次灌注水泥浆液的地段破壁后大部分钻孔出水、

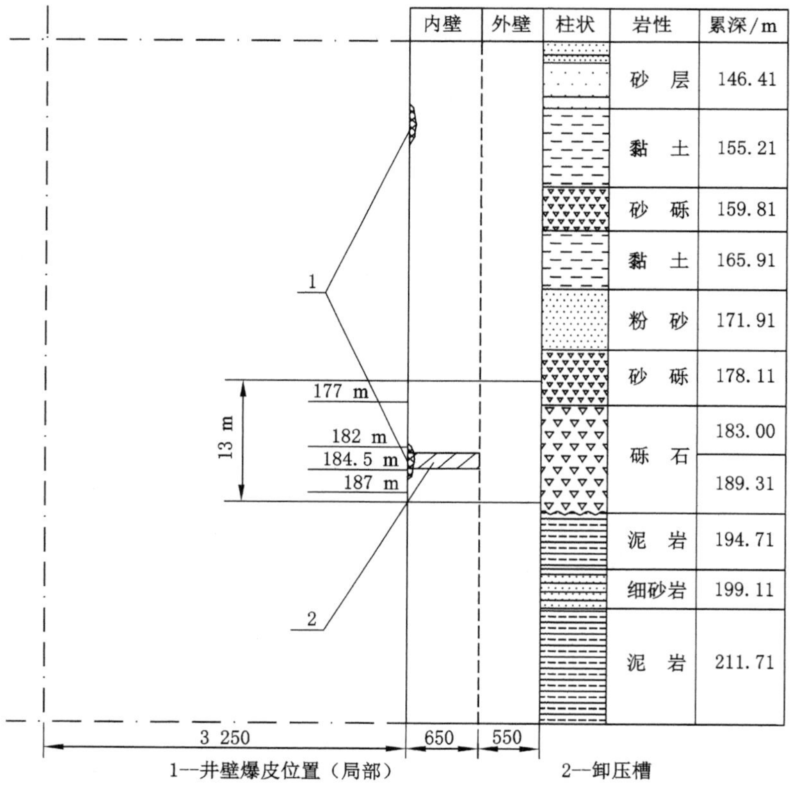

图 1-2 兴隆庄煤矿主井注浆段示意图

出砂或者喷水、喷砂，水泥水玻璃双液浆和粉煤灰浆液难以注入，注浆压力达10 MPa，使得井壁变形增大，影响其稳定性。

兴隆庄煤矿西风井二次治理破壁注浆时发现(图 1-3)，在原砂层破壁注浆段施工的注浆孔，破壁后几乎都有喷水、喷砂现象。造成这种现象的主要原因是水泥等颗粒状浆液在治理破裂井壁时难以在壁后形成均匀帷幕，同时，注浆量过大或注浆压力过大均会影响本来已经过多次破坏的井壁的稳定性。

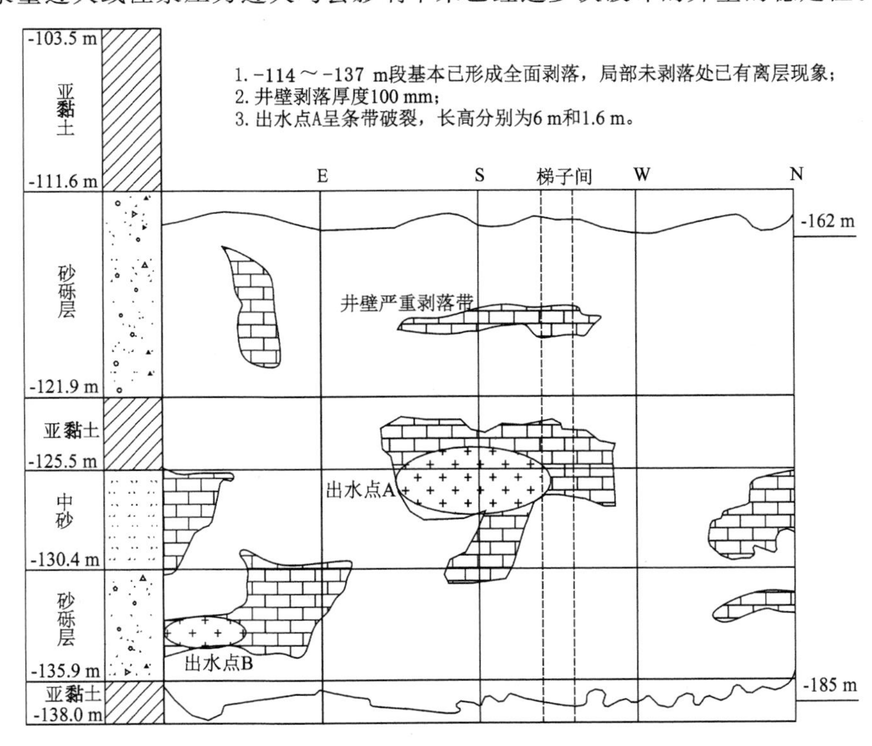

图 1-3　兴隆庄煤矿西风井井壁严重剥落段及高压出水点部位示意图

1.2　化学注浆治理溃砂技术现状

解决难灌注松散层和限制压力条件下注浆效果问题就成为治理井筒重复和多次破坏的关键，因此，灌注压力低、可灌性好的化学注浆技术方案便应运而生[19-23]。2002 年，山东兖州兴隆庄煤矿主井、西风井、副井卸压槽段成功地运用化学注浆技术封堵了第四系底部含水层突水突砂。从 2002 年至今，化学注浆已经被推广应用于济宁、兖州、徐州、晋城、皖北、淮南等矿区的矿井水砂灾害治理工作中。

注浆工程的历史可以追溯到1802年，法国土木工程师Charles Bérigny首次成功地利用注浆技术将黏土浆压入地层。从那时起，黏土、水泥等悬液型注浆材料一直占据着主导地位，直到1884年英国的Hosagood在印度修建桥梁时开始采用化学浆液固砂。黏土浆、水泥浆是粒状材料，其可灌性明显受颗粒大小和被灌注对象的孔隙、裂隙大小与结构的限制，化学注浆的浆液更易渗透到细微岩土或混凝土裂隙之中。1887年Jeziorsky发明了双液浓硅酸钠化学灌浆，1920年荷兰采矿工程师E.J.Joosten论证了化学注浆的可靠性，采用了水玻璃、氯化钙双液双系统的两次压注法，并于1926年取得了专利。1950～1975年是化学注浆大发展时期[24]。20世纪50年代，美国研制了黏度接近于水、胶凝时间可以任意调节的丙烯酞胺浆液（AM-9）。60年代日本市场上已有类似AM-9的丙烯酞胺类材料出售，名为日东-SS。1974年，日本福冈县发生了注丙烯酞胺引起的中毒事件，人们开始专注于绿色化学灌浆技术的研究。目前，化学注浆材料已由原来单一的无机水玻璃浆材发展为丙烯酰胺、环氧糠酮、甲基丙烯酸酯类、聚氨酯、丙烯酸盐等上百种化学注浆材料。无机水玻璃浆材应用早、来源广、种类多、价格低、可灌性好、低毒或无毒性，其应用居所有化学灌浆之首，但由于其力学强度较低，使得强度较高的有机高分子灌浆材料如丙凝类、氰凝类、环氧糠酮类等在化学注浆工程中占有相当重要的地位和作用[25,26]。近年来，无毒和低毒化学灌浆材料的研发受到国内外的重视，蒋硕忠提出了绿色化学灌浆的概念及对传统化学灌浆材料的改性方向[27]。

我国在20世纪50年代初期开始了矽化法的研究，在固砂、防止湿陷性黄土的湿陷和加固构筑物方面做了大量工作，矿井行业逐渐采用了井巷注浆技术。20世纪的最后30多年，化学灌浆技术有了很大的发展，在科学研究和工程实践方面都取得了丰硕成果，如低渗透性介质的渗透灌浆与固结技术、大坝断层和岩溶地层的高压灌浆加固和防渗、深基坑开挖的支护和防渗及大坝围堰深板桩墙帷幕技术等取得了理论上的重要进展，获得了良好的经济效益。与此同时，化学灌浆的基本理论、灌浆材料和灌浆工艺以及设备等方面得到了相应的研究、充实和发展，应用范围日益扩大[28-31]。

煤矿井筒壁后注浆已经成为井壁破裂防治的重要技术手段。这项技术初期代表性的成果是1990年大屯煤电公司矿建公司、淮南矿务局、淮北矿务局、煤炭建设注浆技术联合开发中心等共同完成的“含水砂层井壁后注浆工艺的研究”项目。该项目针对破裂井壁采用小口径、高压力、水泥浆进行壁后注浆、加固井壁的方法，突破了含水砂层壁后注浆的禁区，在潘三矿西风井、海孜矿西风井等 8 个井筒取得满意的效果。至今，大量的壁后注浆工程实践都得益于这项技术。1998 年中国矿业大学与大屯煤电公司注浆公司合作完成了煤炭部计划项目“深井微裂隙岩体防渗注浆材料和工艺研究”，在特殊复杂地质条件下对井筒加固堵漏获得成功[32]。研究人员在兴隆庄煤矿主井、西风井、副井卸压槽段运用化学注浆技术封堵第四系底部含水层突水突砂获得成功，使化学灌浆技术应用的领域更加广泛，并在兴隆庄煤矿东风井就化学注浆治理多次破裂井壁的有关理论和技术进行了探索性研究。

化学注浆方法与工程应用一直受到国内外学者和工程师的关注。柴新军等研发了微型化学注浆技术用于日本古窑的加固[33]。H.Ishii 应用水平方向钻孔进行化学注浆，发展了快速渗透化学注浆方法，注浆结束后采用开挖观察和取样试验方法检验注浆效果，UCS 和循环载荷强度有明显改善[34]。张农等在煤矿巷道过断层破碎带时采用了化学注浆措施[35]。N.Uddin 采用水泥注浆和化学帷幕注浆封堵盐矿混凝土水闸墙和岩石与土的界面[36]。柴新军等利用点滴化学注浆装置应用于土遗址表层化学加固[37]。曹晨明等通过聚乙烯醇(PVA) 改性脲醛树脂用于微细颗粒状及粉末状的极破碎松软煤岩体加固[38]。徐如意等采用化学注浆治理无自稳破碎围岩[39]。秦定国等采用化学注浆加固工作面冒落区及煤壁[40]。龚成明等采用化学注浆及适合高原高寒地区隧道渗漏整治注浆的特殊工艺，治理隧道内渗漏水的问题[41]。吉小明等提出了含水砂层中地下水流速影响高压旋喷桩加固效果的双介质模型，给出了高压旋喷桩加固含水砂层失效的临界水力梯度表达式，提出饱和含水砂层中有效加固地层的双液注浆原理[42]。L.R.Keith 采用化学注浆解决松散砂层中土钉墙施工问题[43]。

化学注浆质量和效果的检测一般采用压水试验、声波测试、样品力学性质测试或者微观分析[44]。J.T.DeJong 采用 SEM 和 X 射线分析技术研究了微生物引起的浆液固结过程[45]。我国研制的灌浆自动记录仪能自动记录灌浆过程中的时间、压力和注入率，并可实现 1 000 m 范围内的遥测遥控[46]。但是到目前为止，这些方法和技术仅限于水泥类浆液的注浆监测，对于化学灌浆，主要以灌注后检验为主，难以满足信息化施工要求，现代传感技术、数字化与可视化的发展将为实施信息化监测搭建平台。

1.3 化学浆液及其注浆固砂体特性研究现状

国内外学者对不同化学灌浆材料的特性、注浆固结体的凝胶时间、渗透性、抗压强度、黏聚力等进行了详细的研究[47-50]。

1.3.1 化学浆液扩散规律研究现状

注浆过程的计算与模拟、浆液扩散规律试验一直是研究注浆的重要手段和重要方面。N.O.Osman 等发展了一个化学灌浆二维数值模型,考虑了化学浆液重要的硬化过程,可以模拟注浆过程中孔隙水压力大小、分布以及渗透性变化的影响,并用以往文献的试验结果检验了模型,获得了满意结果,期望用它替代昂贵的模型试验[51]。T.R.Bolisetti 等研究了一种分析方法以获得注入正在凝固的浆体的压力,可以计算注浆的黏时变效应[52]。M.K.Udinn 通过实验室和现场试验研究了注浆体扩散形状与注浆压力、时间、速度和浆液凝固时间的关系[53]。Tirupati Bolisetti 等利用硅胶进行室内实验,得出硅胶在孔隙介质中的三种扩散过程:凝固、剪切和黏性指进[54]。

Liaqat Ali 等提出了一种按照胶结程度评价注浆摆动单元的理论模型[55]。ChenYonggui 等采用正交实验研究了聚合物注浆材料的性能[56]。Adam Bezuijen[57]在研究颗粒型浆液注入砂层时,提出了压力渗滤的概念模型,解释了颗粒型浆液(如水泥浆)在砂层中的"压力渗滤"机制。他认为,混合浆液进入砂层后,浆液中较大的颗粒被阻隔在砂表面,形成"滤饼",而浆液中的细颗粒将渗入砂层孔隙中。"滤饼"能填充砂颗粒缝隙,具有抚平作用,将阻止劈裂的发生。

郭密文等通过高压封闭环境下的高压试验[58],获得了浆液在砂层中的扩散规律,根据固结体形状特征和局部细观扩散特征的观察分析,提出了高压封闭环境下饱和孔隙介质中注浆浆液运动的三种扩散模式:球形扩散模式,指形扩散模式和面状扩散模式;提出了在高压封闭条件下饱和孔隙介质中注浆的三种浆液扩散机理:"置换推进"机制,"优势路径"机制和"分层富集"机制;发现了浆液扩散的分层富集现象(图 1-4)[59],注浆过程中出现两个浆液富集层,图中 1 为外富集层,2 为内富集层。

1.3.2 化学注浆固结体力学性质研究现状

华萍等研究了表面活性剂对乙二醛-水玻璃化学灌浆抗渗性及灌浆效果的影响[60]。陈洪光等对聚氨酯化学灌浆材料的抗渗性、抗压强度、堵动水性能和有效固结率进行了全面研究[61]。C.K.Shen 等和 K.M.Borchert 等比较早地关注了化学灌浆体的流变特性[62,63]。Delfosse-Ribay 等于 2006 年比较了不同化学灌浆材料固结体蠕变特性[64]。对化学浆液固结体的静力及动力性质研究一直受到有关研究人员的关注和重视[65-72]。P.M.Gallagher 等研究了化学注浆材料稀硅胶液化砂层的作用,化学注浆砂层的防液化性能得到明

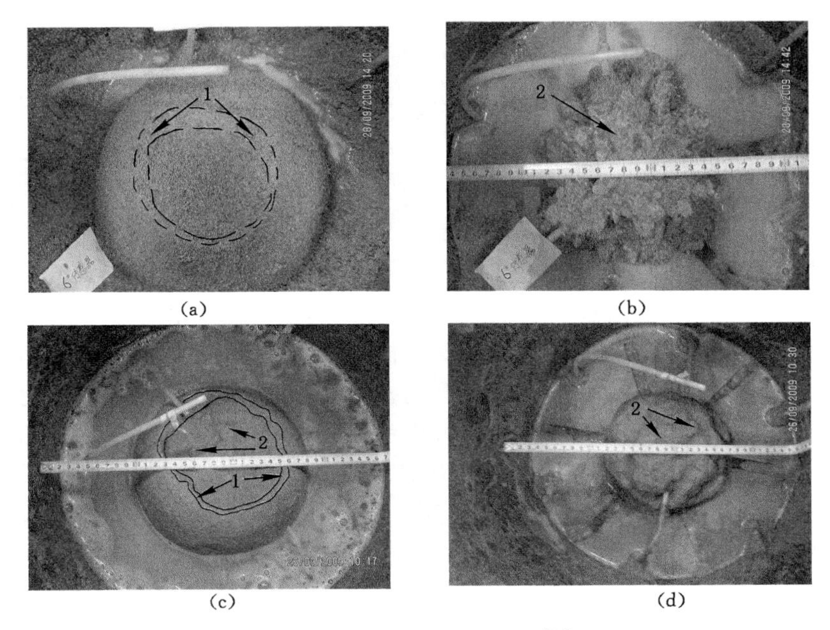

图 1-4　内外层固结体对比[59]

1——外层固结体；2——内层固结体

显改善，但是现场静力触探实验和剪切波速测试显示，处理区域的锥尖阻力和剪切波速改善不明显[73]。U.L.Dash 等详细研究了被灌注土体的无侧限抗压强度，渗透性受材料、设备、地下水条件、注浆工艺、时间、费用等的综合影响[74]。T.O.Kodaka 等提出了弹塑性本构模型并用于模拟注浆改造砂的变形、强度和循环剪切特性研究[75]。D.Berry 详细讨论了砂层可注性的影响因素，J.Mittag 等修正了相关判据[76,77]，H.G.Ozgurel 等提出了注浆体形状的数学模型[78]，H.G.Ozgurel 等对丙烯酰胺浆液在不同粒度组成的砂中灌注的力学性质和渗透性进行了研究[79]，C.A.Anagnostopoulos 等[80]对比了环氧树脂一次灌注和二次灌注强度、渗透性和孔隙性的差异。Y.T.Morikawa1[81]提出了估算固结体黏聚力的方法。A.A.Costas 在实验室综合研究了水泥、黏土、水和不同比例的化学材料丙烯酸树脂、甲基丙烯酸聚合物乳剂的物理力学性质，实验表明，乳剂的添加明显地改善了注浆固结体的抗压强度、联结剪切强度、干湿稳定性和抗硫酸腐蚀性[82]。F.Amin 等研究了分散剂六偏磷酸钠盐(HMP)对土样强度的影响，用 HMP 处理的高金属含量的粉砂质黏土质砂

（如尾矿）的强度明显增加[83]。K.S.Soucek 等研究了化学浆液和岩石混合物的性质[84]。

1.3.3 化学注浆固结体养护条件研究现状

水泥是最普通的注浆材料，对水泥的养护是保障其发挥固化性和黏结性的重要条件，许多学者对水泥的不同养护条件进行了研究，以寻得最能充分发挥水泥性能的养护条件。刘朝晖等结合工程实践，通过室内实验，对比研究了湿治养护和化学养护两种养护方法对水泥混凝土强度的影响，得出了化学养护具有保水特点，认为湿治养护受各种因素影响较大的结论[85]。王培铭等研究了两种聚合物干粉改性砂浆在不同养护条件下的黏结抗拉强度，从而得出在空气-水混合养护条件下，砂浆的黏结抗拉强度是最高的结论[86]。胡曙光等研究了不同养护制度对混合水泥水化程度的影响，从早期养护温度的角度出发，探究出早期较高的养护温度可以加快混合水泥的反应速率，但在后期长时间标准养护条件下，各试样反应程度趋于接近[87]。陈帮建等以工程实际条件为基础，对饱和砂养护和标准养护两种方式下水泥土无侧限抗压强度进行了研究[88]。

国内对水泥以外的注浆材料养护条件的研究虽然较少，但也取得了一定的成果。采用硅化法治理湿陷性黄土地基，吕擎峰等通过温度改性水玻璃来加固黄土，得出在一定温度范围内，随着温度的升高，水玻璃固化黄土的强度明显提高的结论[89]。沈美荣等研究了养护条件对聚氨酯防水涂料拉伸性能的影响，在保证规定 7 d 的养护龄期下，其强度随龄期的增加而增大，延伸率减小，到一定时间后，拉伸强度就平稳发展[90]。李兴贵等在已有研究的基础上，采用四种不同的养护方式对聚氨酯改性混凝土的抗压强度进行研究，结果表明，7 d 标养后干养的抗压强度最高[91]。

1.3.4 化学注浆固结体微观机理研究现状

化学注浆质量和效果的检测一般采用压水试验、声波测试、样品力学性质测试或者微观分析等方法[92]。

采用微观分析方法对实验试样进行细微分析，有利于加深对试样内部结构变化的认识。常用的微观分析方法有电化学分析、热分析、扫描电镜、孔隙分析、水化热分析、XRD 等微观分析方法。

对化学注浆效果的检验用宏观和直观检验的研究较多，但研究者们仍有采用微观分析方法如 SEM、XRD 和 MIP 等手段进行化学注浆固砂体的微观结构研究[93,94]。吕擎峰等通过 X 射线衍射图谱和 SEM 图像观察到，改性水玻璃随温度升高部分矿物衍射强度降低和凝胶薄膜增多。简文彬等采用扫描电镜技术对不同龄期水泥-水玻璃加固软土的微观结构特征进行观察和研究，从化学和物理两个方面分析了水泥-水玻璃固化软土的微观机理。从化学角度主要表现为：水泥的水化水解反应、水玻璃的速凝和增强作用、黏土颗粒与水泥水化物的作用；从物理角度则主要表现为：水化物的充填作用、胶结作用、加筋作用和骨架作用[95]。王星华用SEM方法研究了黏土固化浆液固结过程中的中间产物和反应产物的微观结构，证实了固化剂的催化原理，提出了黏土固化浆液的固结模型[96]。

1.3.5 化学注浆固结砂体的渗透性研究现状及存在问题

注浆体的渗透性是其岩土工程性质的一个重要指标，特别是以防渗为目的的注浆工程。抗渗能力越高、堵水效果越好。有的研究者采用砂浆混凝土抗渗压力的测定方法来测定注浆体的抗渗性能。陈洪光等研究表明，影响浆液固结体抗渗效果的因素很多，如预聚体的品种、催化剂和缓凝剂的种类和用量、溶剂等。结果表明，不同聚氧丙烯类浆液固结体的抗渗压力从686 kPa到882 kPa不等，浆液固结体的抗渗压力随着溶剂用量的增加而下降。R.H. Karol建议用现场测试和示踪试验方法测定化学注浆体的渗透系数和检验注浆效果[97]。U.L.Dash通过现场试验的方法研究了管道周围的化学注浆体的渗透系数，6次现场试验表明，渗透系数在5×10^{-5} cm/s到4×10^{-6}cm/s之间。H.Akagi采用现场试验确定注浆体的渗透性[98]。

Ozgurel等也通过室内试验研究了丙烯酰胺浆液以及用50%水稀释的丙烯酰胺浆液灌注的不同粒度的砂注浆体的力学特性和渗透性的变化规律。试验中的样品分别采用水下、干燥和不同湿度条件下养护3 d、7 d和28 d，采用的是常水头渗透试验，水头差为492 cm，渗透时间为120 d，并分析了固结砂样无侧限抗压强度与渗透系数之间的关系[79]。试验中采用砂的有效粒径为0.09～0.7 mm，曲率系数为0.96～1.48，不均匀系数为1.2～3.4。对三个浆液固砂体样进行了渗透试验，实验结果表明，由于浆液固结作用，砂的渗透系数从注浆前的10^{-2} cm/s降低到10^{-10}cm/s。试验发现，砂的粒度组成不影响注浆后固砂体的渗透系数，50%的稀释浆液也不影响注浆后的渗透系数。

C.A.Anagnostopoulos按照ASTM D 5084-03测试了不同环氧树脂固结砂样的渗透系数。当树脂与水之比(ER/W)从0.5到1.5时，渗透系数出现显著降低，从1.0×10^{-5}cm/s降低到5.7×10^{-7} cm/s[99]，还根据试验结果建立了渗透系数和ER/W的回归模型。

M.Mollamahmutoglu等对超细水泥固结砂样的渗透试验表明，渗透系数小于10^{-7} cm/s[100]。H.Yasuhara采用试验设备对氯化钙改性砂土进行了渗透试验，结果表明，氯化钙的灌注可以使砂土的渗透系数降低一个数量级以上[101]。

从上述国内外研究现状可见，在化学注浆的浆材特性、设计、施工、监控技术等方面仍存在不少需要深入研究和解决的问题，这些问题的解决依赖于对化学注浆的有关基本理论问题研究，诸如化学浆液与水砂耦合条件下的扩散机理、注浆过程的监测与控制技术、注浆效果的宏观与微观检验、浆液扩散的可视化、化学浆液的环境影响评价等一系列基本科学问题。

在松散层孔隙介质化学注浆体渗透性和机理方面急需深入研究的问题有：

(1) 对化学浆液注浆砂层渗透性分区缺乏研究。化学浆液注入砂层后，由于压密、劈裂、渗透等一系列作用，以及天然条件下砂层的非均质性，使得注浆砂内部的渗透性会随着注浆孔的布置、注浆量、注浆压力等发生变化，这样就造成了被灌注砂层渗透性的差异。例如，前述郭密文发现的高压封闭环境下浆液的分层富集现象就会造成渗透性的分区差异。

(2) 目前，低压力、低水头压差的渗透试验难以反映深部化学注浆固砂体的抗渗特性。在室内试验中，基本都是用低压力的渗透试验，常规试验无法反映试样所受围压的影响，难以反映深部土层高围压和高渗透压差条件下化学注浆固砂体的渗透特性。

(3) 前人的研究结果表明，化学注浆固砂体的渗透系数与砂的粒度成分没有关系[79]，这种关系是否适合于高围压和高渗透压差的情况，需要进行研究。因为在高围压和高水力梯度下，周围压力和水压力都会对浆液固结体、固结浆液及其结构产生破坏和改组作用，这种作用对渗透系数的影响及变化机理有待进一步研究。

(4) 深部土层注浆段，在高围压和高静水压力时，浆液扩散与含水层水砂耦合机理尚缺乏研究，因此难以确定在此条件下注浆砂的胶结质量、渗透性变化以及注浆地质条件、工艺等的相互关系；在以防渗为主要目的的注浆工程中，渗透性在注浆砂体内部的变化规律是注浆设计的重要依据，由于缺乏这方面的研究从而造成了对注浆半径、注浆压力、注浆量等工程设计缺乏科学的依据。

综上所述，目前高围压下和高渗透压差下化学注浆固砂体渗透特性研究相对薄弱。

1.4 本书主要研究内容

(1) 地质工程背景研究

收集有关地质资料，进行厚松散层矿区的工程地质层组划分，对土体组合特征分析，针对煤矿水砂突涌灾害严重的矿区，利用井筒检查孔和工程地质勘探孔对松散层采取原状土样，进行物理力学指标试验，包括粒度成分、天然含水量、重度、塑液限、饱和度、孔隙率、渗透性、压缩性、膨胀性、抗剪强度等。概括厚松散层黏土层的物理力学性质规律、厚松散层砂层的粒度成分与不同砂层的渗透系数，利用已有国内外文献和试验结果，重点分析注浆前松散层的渗透性和可注性。

(2) 砂层化学注浆浆液扩散规律及注浆砂体渗透性分区研究

通过模型试验获得注浆砂体，采用对注浆砂体切片和图像分析技术以及声波测试技术，监测和分析距注浆孔不同半径含浆液密度的变化，获得浆液扩散规律，对注浆砂体渗透性进行分区。

(3) 注浆前砂土的高压三轴渗透特性研究

通过对深部钻孔原状砂样进行常规渗透试验，并对砂层渗透系数统计分析，选取代表性砂样并按其粒度成分配制室内常规与高压重塑土样，利用实验室常规渗透仪与静态高压三轴试验系统，进行砂的常规渗透试验及高围压条件下的渗透试验，比较常规渗透试验与高压渗透试验结果的差异，获得高压下粗砂、细砂、黏土质砾砂的渗透系数及影响因素，分析渗透性变化影响机理。

(4) 半胶结砂岩注浆模型试样高压三轴渗透研究

建立工程地质模型，模拟半胶结砂岩化学注浆，采用电法和声波测试技术监测浆液扩散，钻孔取芯获得半胶结注浆砂岩不同层位、不同部位的常规渗透系数进行三轴渗透试验，分析其渗透系数变化特征。

(5) 化学注浆固砂体高压三轴渗透试验研究

研制砂层化学注浆试样制备仪器，获得松散层化学注浆固结体的三轴试验试样，在不同围压、不同水力梯度等条件下对化学注浆固砂体进行基本力学性质试验基础上开展高压渗透试验研究，获得其渗透性变化特点，分析渗透性变化的影响因素和影响程度。

(6) 不同充填程度化学浆液固砂体高压渗透性研究

为进一步获得化学浆液充填程度对固砂体的高压渗透性影响，采用一定模具制备不同粒度成分、不同化学浆液充填量的固砂体试样，在一定条件下养护后，进行基本力学性质试验与高压三轴渗透试验，分析其指标变化规律。

（7）化学注浆固砂体渗透性变化的微观机理研究

采用扫描电子显微镜和压汞试验对化学注浆固砂体在不同围压和不同渗透压差下渗透后的样品进行微观分析，获取化学注浆固砂体的微观结构形貌特征及定量数据，研究化学注浆固砂体渗透性和微观结构之间的关系，建立化学注浆固砂体孔喉结构模型，揭示化学注浆固砂体渗透性变化及抗渗特性的机理，探索注浆效果微观检验手段。

1.5 研究方案与技术路线

1.5.1 研究方案

针对上述研究内容，本书采用定性和定量相结合、工程地质背景分析与试验相结合、宏观与微观分析相结合的研究方法对孔隙介质化学注浆体渗透机理进行研究，主要方法有工程地质分析、高压三轴渗透试验、微观分析、图像分析和理论研究等。

具体研究方案如下：

（1）工程地质背景研究

系统收集有关矿区松散层资料，对水文地质和工程地质条件进行系统分析，划分松散层土体组合类型，采取原状土样分析测试其主要物理力学性质和水理性质，分析物理力学性质变化的规律性，为模型试验和注浆砂试验样品的制备提供工程地质依据。

（2）注浆前砂的渗透性试验

对深部钻孔原状样和室内重塑土样进行常规渗透试验，并利用高压三轴试验系统进行高围压条件下的渗透试验，制备粗砂、细砂、黏土质砾砂三种重塑土样，获得高围压下和高水力梯度下三种土样的渗透系数，并分析影响渗透系数的因素。

（3）浆液扩散规律的模拟实验和理论分析

建立工程地质模型，模拟半胶结砂岩化学注浆，采用电法和声波测试技术监测浆液扩散，并结合已有研究成果，对壁后注浆固砂体、高压封闭环境下的注浆固砂体进行切片和图像分析，研究浆液扩散富集及渗透性分区。

（4）化学注浆固砂体高压渗透试验研究

对半胶结砂实验模型注浆后取样进行高压渗透试验，测定其渗透系数。设计加工化学注浆固砂体试样制样装置，利用该装置对粗砂、细砂、黏土质砾砂三种土样进行注浆，制备室内试验所需的化学注浆固砂体试样，采用常规定水头渗透试验和静态高压渗透三轴试验系统测定渗透系数，以获得不同粒度注浆砂体的渗透特征；采用不同粒度成分的砂样与化学浆液按不同比例混合制备不同充填程度的化学浆液固砂体试样，进行常规定水头试验和高压三轴渗透试验；最后，分析影响化学注浆固砂体渗透性变化及抗渗特性的因素，获得变化规律。

(5) 化学注浆固砂体渗透性变化及抗渗特性的微观机理研究

选取固砂体渗透后的样品，采用扫描电子显微镜观察注浆体浆液与颗粒连接关系、微观灌注效果、微观结构变化，分析微观变形破坏机理并分析微观结构特征与渗透性之间的关系。采用压汞试验对化学灌浆前后砂样的孔隙结构特点进行研究，分析孔隙结构参数与渗透性之间的关系，以及化学注浆固砂体渗透性变化的微观机理。

(6) 总结归纳

综合理论和试验研究成果，分析化学注浆固砂体渗透特性的影响因素，获得高围压、高渗透压差条件下，化学注浆固砂体渗透性变化的规律和抗渗机理。

1.5.2 技术路线

研究的技术路线见图 1-5 所示。

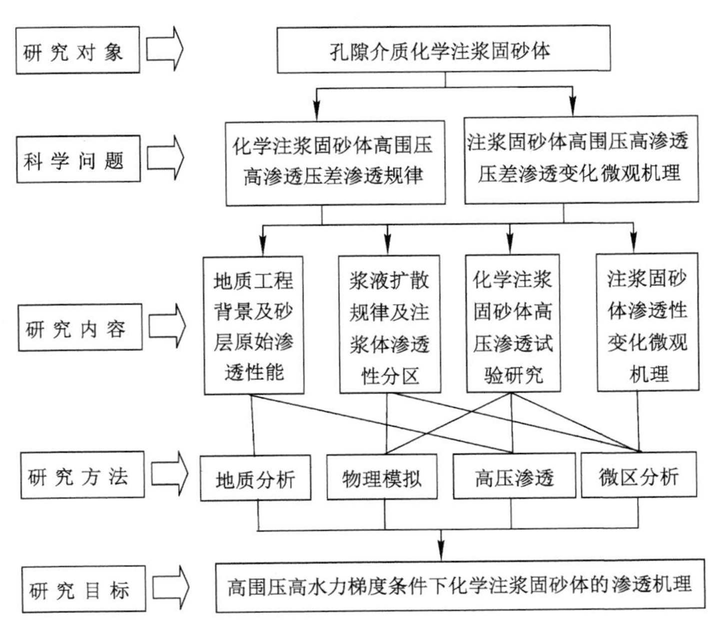

图 1-5 技术路线图

2 工程地质背景

2.1 矿区厚松散土层组合特征

矿区厚松散层的土体性质是研究与土体有关的工程地质问题的物质基础。本章在分析我国东部矿区厚松散层的层组划分、特征、主要水文地质和工程地质性质的基础上，重点对厚松散层砂层的渗透性、可注性等进行研究，这部分内容是研究化学注浆固砂体渗透性的工程地质基础。

2.1.1 厚松散层工程地质层组划分与组合特征

矿区松散层一般由厚度不同、性质各异的各种土层组合而成。

工程地质层组的划分一般在工程地质类型划分基础上，考虑土层的形成时代和层序，土层的成因类型，土层的物质组成及其结构构造，土层的成层条件及其厚度变化，土的物理力学性质，水文地质特征等划分。

厚松散层的土体组合特征主要指工程地质层组在土层柱状(剖面)和平面上的组合特点。由于每一工程地质层组的性质受其起主导作用的工程地质类型的性质所制约，因此，常将起主导作用的工程地质类型按其物质成分分为两大类:以黏性土为主的层组和以粗粒土(砂土、砾砂、砂砾等)为主的层组。从水文地质角度，前者一般可作为相对隔水层，后者一般为含水层或透水层。

厚松散层地区一般都是以黏性土为主的层组和以粗粒土为主的层组的交互沉积的多层复合结构。如图 2-1 所示为山东金乡至柴里地层剖面，从水文地质角度即为含水层、隔水层交互沉积的多层复合结构，由 6 个工程地质层组逐渐过渡到 3 个层组。图 2-2 为淮南潘集松散层组合变化情况，潘集矿区松散层主要由黏土、粉质黏土、砂质黏土与砂、黏土质砂组成。据桂和荣等研究，其中中等压缩性黏土($a_{1\text{-}2}=0.18\sim0.24\ \text{MPa}^{-1}$)厚度占冲积层总厚度的 50%以上，构成了区内松散层中的主要压缩层[102]。

表 2-1 为山东济宁太平煤矿厚松散层工程地质层组划分，按成因类型、岩性岩相、成层条件与厚度变化、结构特征以及物理力学特征等划分了 6 个工程

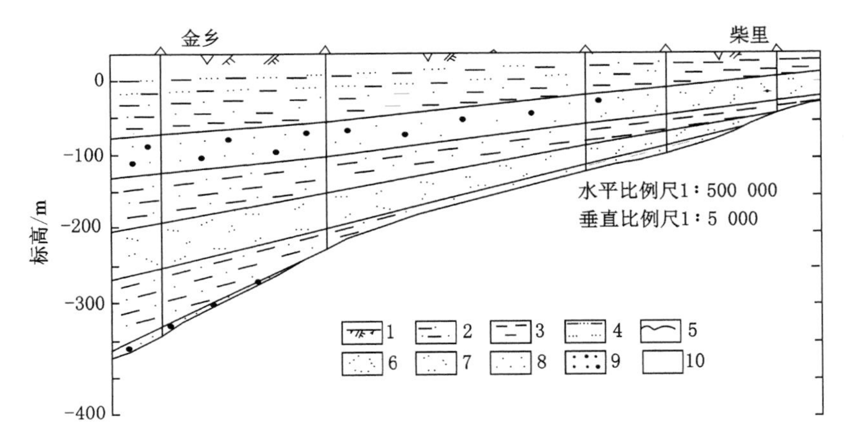

图 2-1　山东金乡至柴里地层剖面

1——表土；2——粉质黏土；3——黏土；4——砂质黏土；5——平行不整合；6——细砂；7——中砂；8——粗砂；9——砂砾；10——含(隔)水层

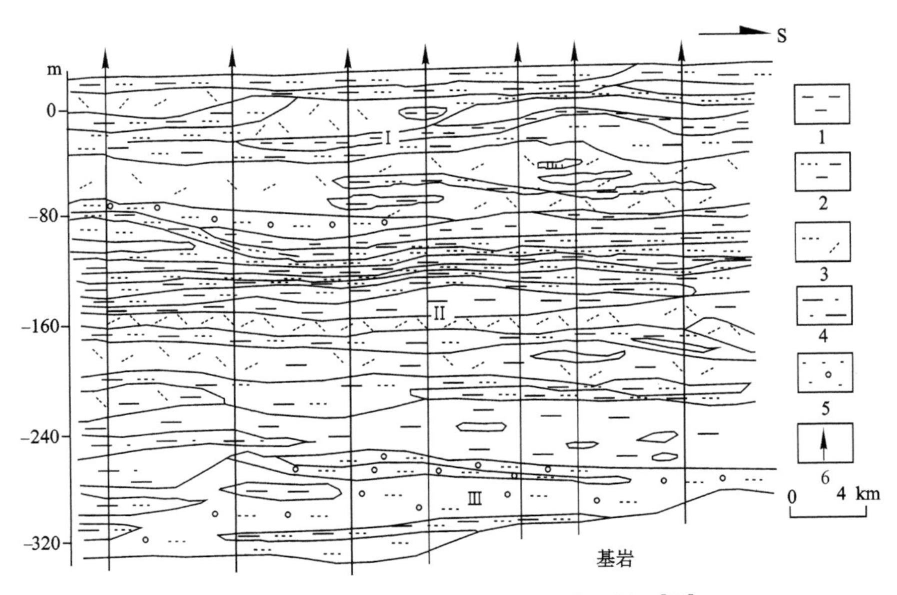

图 2-2　安徽淮南潘集矿区南北向松散层剖面[102]

Ⅰ——上部孔隙潜水含、隔水层；Ⅱ——中部孔隙承压含、隔水层组；

Ⅲ——下部孔隙承压含、隔水层组；

1——黏土；2——砂质黏土；3——砂土；4——黏土质砂；5——砂砾；6——钻孔

地质层组。

表 2-1 山东太平煤矿厚松散层工程地质层组

序号	工程地质层组	平均厚度/m
1	黏土夹砂层组	36.18
2	砂、黏土层互层组	27.62
3	砂质黏土夹砂层组	16.99
4	黏土质粗砂夹含砂黏土层组	28.63
5	黏土、砂质黏土夹砂层组	8.32
6	砂、黏土质砂及黏土层组	36.47

(1) 黏土夹砂层组

上部为土黄色至褐黄色含砂黏土，夹 2～3 层褐黄色砂层。其中含砂黏土可塑性强、吸水膨胀。砂层为黏土质细砂、含黏土粗砂，颗粒成分以石英、长石为主，分选性、磨圆度中等，含黏土则分布不均。下部为含砂姜的粉质黏土，可塑性强且吸水膨胀，砂姜大小为 0.3～5 cm，分布不均。

(2) 砂、黏土层互层组

褐黄色至棕黄色砂、灰色粉质黏土互层。黏土可塑性强、吸水膨胀，并含少量砂姜及铁锰质结核，底部夹黄绿色黏土。砂层以含黏土砂为主，少量黏土质粉砂，颗粒成分主要为长石、石英，分选性中等，磨圆度中等至差。

(3) 砂质黏土夹砂层组

浅灰绿色黏土夹黄褐色中砂，黏土可塑性强、吸水膨胀。含粗、中砂及砂姜。砂层主要为中砂，颗粒成分以石英、长石为主，分选性、磨圆度均较差，较松散。

(4) 黏土质粗砂夹含砂黏土层组

黄绿、灰绿色黏土质粗砂且含细砾，颗粒成分以石英、长石为主，分选性、磨圆度均差，黏土含中粗砂较多，分布不均匀。

(5) 黏土、砂质黏土夹砂层组

灰绿色黏土，可塑性强，且含细砂，分布不均。灰绿色砂层含细砾，颗粒成分以石英、长石为主，分选性、磨圆度均差，较松散。

(6) 砂、黏土质砂及黏土层组

上部为灰绿色黏土质中、粗砂，颗粒成分以石英、长石为主，分选性、磨圆度均差，且较松散。中部为浅灰绿色含砂黏土、黏土质砂互层，下部为深绿色含黏土、含砾粗砂，颗粒成分以石英、长石为主，分选性、磨圆度均差。底部为浅灰绿色黏土，厚度为 1.60～7.10 m。

2.1.2 厚松散层的物质组成

厚松散层土的物质组成，对于准确地确定土体的名称、划分含水层与隔水层、研究土体变形破坏的机理具有重要意义。厚松散层粒度成分的特点是，既有较为纯净的黏土和较为纯净的砂层，又有颗粒大小混杂的各类土层，对其定名分类要考虑全面，否则容易产生定性错误。尤其在以往习惯的定名影响下，对含水层、隔水层、主要压缩层等在基本工程地质性质判断时易产生较大误差。表 2-2 给出了鲁西南某矿厚松散层粒度成分，表 2-3 为其中 2 个土样的界限含水量及塑性指数。

表 2-2　鲁西南某矿厚松散层土的颗粒组成

土样序号	颗粒组成/%							
	粗粒组					细粒组		
	砾石		砂粒			粉粒		黏粒
	粒径大小/mm							
	20～5	5～2	2～0.5	0.5～0.25	0.25～0.075	0.075～0.05	0.05～0.005	<0.005
1		5.0	22.7	39.4	12.6	3.7	12.3	4.3
2			3.5	2.9	3.7	11.5	62.5	15.9
3	6.9	28.0	25.1	22.4	12.5	1.0	2.3	1.8
4	1.3	13.2	35.6	18.1	5.2	4.1	16.5	6.0
5			1.6	6.3	17.1	26.4	31.3	17.3
6		29.8	38.0	14.5	10.4	1.1	4.0	2.2

表 2-3　鲁西南某矿厚松散层土的界限含水量

土样序号	液限 W_L/%	塑限 W_P/%	塑性指数 I_P
2	39.5	24.7	14.8
5	42.0	23.8	18.2

表 2-2 中，根据《岩土工程勘察规范》(GB 50021—2001)[103]表 3.3.3，1 号土样应定名为中砂，3 号土样应定名为砾砂，4 号土样应定名为粗砂，6 号土样应定名为砾砂；根据《土的工程分类标准》(GB/T 50145—2007)[104]表 4.0.4 和表 4.0.5，1 号土样应定名为粉土质砂，3 号土样应定名为含细粒土砂，4 号土

样应定名为粉土质砂，6号土样应定名为含细粒土砂。综合分析，1号土样定名为含砾粉黏土质中砂，3号土样定名为含粉、黏性土砾砂，4号土样定名为含粉、黏土含砾粉土质粗砂，6号土样定名为含粉黏土砾砂。

表2-3中，根据《岩土工程勘察规范》表3.3.5，2号土样应定名为粉质黏土，5号土样应定名为黏土；根据《土的工程分类标准》(GB/T 50145—2007)表4.0.8，2号土样应定名为低液限黏土，5号土样应定名为低液限黏土。而结合表2-2中5号土样的粒度成分，根据《土的分类标准》第4.0.7条(二)，5号土样应定名为含砂黏土。综合分析，5号土样定名为低液限含粉细砂黏土，2号土样定名为低液限粉质黏土。

三种分类定名的比较见表2-4。综合分析给出的分类定名能够比较客观地反映土的工程性质，定性比较准确。

表2-4　　不同分类方法分类定名对比

土样编号	根据《岩土工程勘察规范》	根据《土的工程分类标准》	综合分析
1	中砂	粉土质砂	含砾粉土质中砂
2	粉质黏土	低液限黏土	低液限粉质黏土
3	砾砂	含细粒土砂	含粉、黏性土砾砂
4	粗砂	粉土质砂	含粉、黏土含砾粉土质粗砂
5	黏土	高液限黏土	低液限含粉细砂黏土
6	砾砂	含细粒土砂	含黏粉土砾砂

淮北矿区的所谓“四含”(第四含水层)也比较典型，沉积物的渗透性差，涌水量偏小，钻孔抽水得到的渗透系数为0.017～2.024 m/d，单位涌水量为0.002 9～0.2 L/(s·m)。其沉积物的粒度成分及性质见表2-5。黏性土的不均匀系数为10～157.9，砂类土的为11.4～162.5，砾类土的大于1 000。其总体特征是，沉积物粒径大小悬殊，级配良好，塑性指数在7.5～24.1之间[105]。

表2-5　　淮北矿区“四含”沉积物的粒度成分及水理性质[106]

序号	孔隙率/%	粒度组分/mm,%							有效粒径/mm	不均匀系数/(d_{60}/ d_{10})	渗透系数/(cm/s)	岩土名称
		砾粒		砂粒			粉粒	黏粒				
		>2	2～0.5	0.5～0.25	0.25～0.1	0.1～0.05	0.05～0.005	<0.005				
1	32	31	27	18	13	1	6	4	0.049	22.5	1.11×10^{-4}	含黏土砾砂
2	32.4	21	33	20.5	14	2.5	5	4	0.07	11.4	3.41×10^{-5}	含黏土粗砂

续表 2-5

序号	孔隙率/%	粒度组分/mm,%							有效粒径/mm	不均匀系数/(d_{60}/ d_{10})	渗透系数/(cm/s)	岩土名称
		砾粒		砂粒			粉粒	黏粒				
		>2	2～0.5	0.5～0.25	0.25～0.1	0.1～0.05	0.05～0.005	<0.005				
3	36.7	2	12	36	40	7	2	1	0.103	2.6	1.26×10^{-3}	中砂
4	31	4.3	36.1	18.2	10.8	10.6	10	10	0.005	102	1.45×10^{-5}	粉土质中砂
5		0.8	23.7	32.4	18.4	12.7	7	5	0.041	10.5	1.54×10^{-5}	含黏土中砂
6	32.9	2.4	35.3	18.7	13.9	13.7	7	9	0.013	36.2	1.78×10^{-3}	黏土质中砂
7			32.9	20.6	13.6	14.9	15	3	0.025	16	2.19×10^{-5}	黏土质中砂
8	32.9	1.1	48.5	18.1	7.2	9.1	11	5	0.023	34.8	8.09×10^{-6}	黏土质中砂
9		9.1	30.6	15.5	10.5	11.2	14	9	0.0078	63.5	6.90×10^{-6}	黏土质中砂
10		22.5	14.3	25	13.3	11.9	10	3	0.031	14.5	6.70×10^{-6}	黏土质中砂
11		13.4	19.6	27.3	27.6	0.1	7	5	0.022	17.3	8.63×10^{-6}	含黏土质中砂
12		14.4	27.7	18.4	10	13.5	9	7	0.014	38.6	4.21×10^{-6}	含砾含黏粉粒中砂
13				39.9	36.1	12	7	5	0.035	7.1	5.07×10^{-5}	含黏粉粒细砂
14				47.5	29.4	11.1	6	6	0.04	7.3	2.20×10^{-5}	含黏粉粒细砂
15	37.9		12.6	30.4	34.7	12.4	7	3	0.035	4.2	1.26×10^{-5}	含黏粉粒细砂
16	35.1			9.3	47.8	28.9	6	8	0.015	9.3	1.44×10^{-5}	含粉黏粒粉砂
17	34.5	2.5	4.8	18.6	44.2	17.9	7	5	0.041	4.9	1.59×10^{-5}	含黏粉粒粉砂
18			1.8	21.6	47.1	13.5	8	8	0.013	15	1.69×10^{-5}	黏土质粉砂
19			13	33.2	16.5	17.3	9	11	0.0038	84.2	3.45×10^{-6}	黏土质粉砂
20				12	53	10.5	12.5	12	0.0035	48.5	5.48×10^{-7}	黏土质粉砂
21			4.5	30.4	29.9	13.2	11	11	0.0035	62.8	6.51×10^{-6}	黏土质粉砂
22			3.9	22.6	37	14.5	12	10	0.005	35.2	3.36×10^{-5}	黏土质粉砂
23				7.6	40.8	23.6	20	8	0.008	16.3	1.01×10^{-5}	黏土质粉砂
24	35.9	9	16	16	16	10	14	19	0.0016	162.5	1.26×10^{-5}	黏土质粉砂
25		7.2	6.2	15.3	18.6	15.7	19	18	0.001	157.9	5.93×10^{-6}	黏土质粉砂
26			4	16	23	19	20	18	0.0021	115.8	3.23×10^{-6}	黏土质粉砂

续表 2-5

序号	孔隙率/%	粒度组分/mm,%								有效粒径/mm	不均匀系数/(d_{60}/ d_{10})	渗透系数/(cm/s)	岩土名称
		砾粒		砂粒			粉粒	黏粒					
		>2	2~0.5	0.5~0.25	0.25~0.1	0.1~0.05	0.05~0.005	<0.005					
27				18.1	43.2	12.7	14	12		0.0021	85.7	4.35×10^{-6}	黏土质粉砂
28		6.7	2.6	7.7	16.3	17.7	31	18		0.0016	45.6	3.87×10^{-6}	黏土质粉砂
29	31.5		9.2	24.6	18.8	22.4	13	12		0.005	212.5	2.67×10^{-6}	黏土质细砂
30	36.7	2.5	25.2	20.2	12.5	14.6	10	15		0.008	592.6	3.38×10^{-6}	黏土质粉砂

2.2 厚松散层的物理力学性质

2.2.1 厚松散层黏土的物理力学性质

结合山东济宁金桥煤矿、太平煤矿的实例,分析黏土层土的物理力学性质随深度的变化。

据试验资料统计,金桥煤矿黏土层的含水量为 11.6%~25.6%,密度为 1.84~2.12 g/cm³,孔隙比随深度增加而减小,如图 2-3(a)所示。但在 280~290 m 处出现增加的趋势,与此处高液限粉土的性质有关。

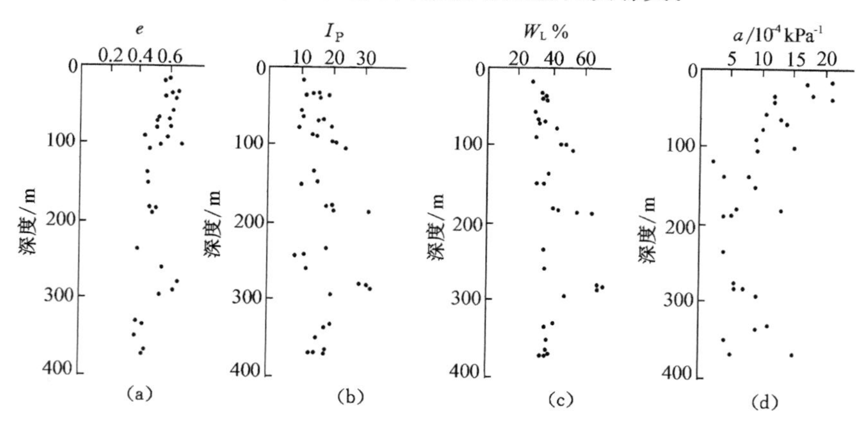

图 2-3 山东金桥煤矿土层的物理力学性质随深度的变化[105]

(a) 孔隙比;(b) 塑性指数;(c) 液限;(d) 压缩系数

金桥煤矿黏性土的压缩模量在深度小于 189 m 时,随深度增加而增大,压缩系数随深度增加而有减小的趋势；大于 189 m 则出现压缩模量随深度增加而减小、压缩系数随深度增加而增大的趋势，如图 2-3(d)所示。分析原因与土层的沉积地质时代有关，189 m 以下为半固结状态的土，土的固结系数也随深度增大而增大，如在 18 m 处 $C_v=0.018\ cm^2/s$，34 m 处 $C_v=0.027\ cm^2/s$，85 m 处 $C_v=0.107\ cm^2/s$，338 m 处 $C_v=2.9\ cm^2/s$。土层的塑性指数、液限在小于 189 m 呈现随深度增加而增大的总体趋势，而在 300 m 以下则呈现随深度增加而减小的趋势，如图 2-3(b)、(c)所示。该区黏土大多数为塑性指数 $I_P\geqslant10$、液限 $W_L<50\%$的低液限黏土，少量为塑性指数 $I_P\geqslant10$、液限 $W_L\geqslant50\%$的高液限黏土。土的自由膨胀率一般介于 0.5%～7.7%；随着深度增大而增加，如 40 m 处自由膨胀率为 1.1%，140 m 处为 2.4%，190 m 处为 7.7%。但是，在 300 m 左右出现自由膨胀率为 25.0%～31.6%的膨胀性较强的黏土层。

济宁太平煤矿厚松散层的物理力学性质，在剖面上的变化呈现某些规律性。碎屑沉积物砂、砂砾层的含水量自上而下显著减小，如Ⅰ组 7 层中砂含水量为 17.4%～20.4%；Ⅳ组 19 层粗砂含水量为 13.9%～16.8%；Ⅵ组 30 层中粗砂的含水量为 11.3%～16.2%。该区黏土层的含水量为 15.9%～27.8%，密度为 1.91～2.10 g/cm^3。孔隙比随深度增加而减小，如图 2-4(a)所示，反映了底部黏土的固结程度较高。黏性土的塑性指数(I_P)随深度的增加有增大的现象，如图 2-4(b)所示，黏性土大多为塑性指数 $I_P\geqslant10$、液限 $W_L<50\%$的低液限黏土。黏性土的压缩系数随深度增加有减少的趋势，如图 2-4(c)所示[107]。

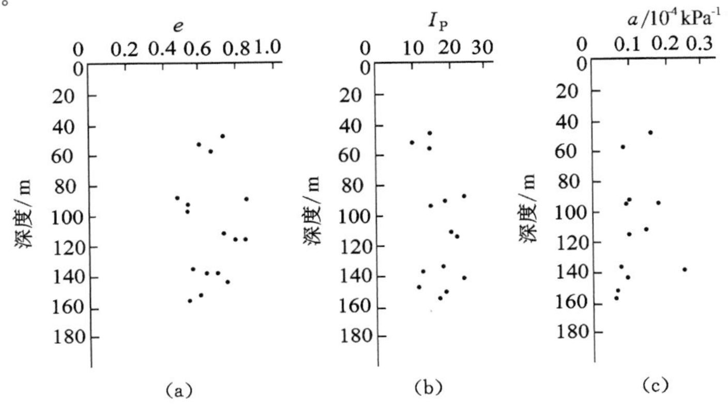

图 2-4　山东太平煤矿黏性土物理力学性质随深度的变化[107]

(a) 孔隙比；(b) 塑性指数；(c) 压缩系数

黏性土的黏聚力、内摩擦角有随深度增大而增大的趋势,如图 2-5 所示。

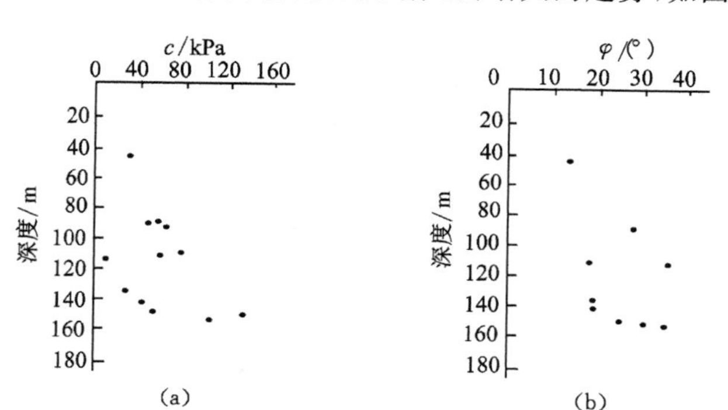

图 2-5 黏性土的 c、φ 值随深度的变化[107]

(a) 黏聚力;(b) 内摩擦角

2.2.2 厚松散层砂的粒度成分与渗透性

对山东微山崔庄煤矿和兖州鲍店煤矿上覆松散层资料分析并取样试验,获得了粒度组成、渗透系数、孔隙比等基本性质。

崔庄煤矿松散层厚 57.16～112.42 m,平均为 77.56 m。岩性主要由黏土、砂质黏土、黏土质砂及粗、中、细砂组成,上部由灰黄、褐黄色黏土、含黏土砂姜、砂质黏土和砂层组成,下部以灰绿色砂质黏土、黏土质砂、中、粗砂为主。第四系底部普遍分布一层稳定的黏土层,厚度在 5.31～23.18 m。第四系松散层可划分为三个含水层段:

① 第四系上组含水层段:厚度为 41.50～46.50 m,其中砂层厚度为 5.85～22.80 m,含砂 3～8 层,砂层粒度以细砂、中砂为主,黏土质含量较低,结构松散。单位涌水量为 0.003 2 L/(s · m),渗透系数为 0.052 m/d。

② 第四系中组含水层段:厚度为 29.00～41.90 m,其中砂层厚度为 12.80～15.95 m,含砂 3～8 层,砂层粒度以细砂、中砂为主,黏土质含量较低,结构松散。单位涌水量为 0.62 L/(s · m),渗透系数为 4.82 m/d。

③ 第四系下组含水层段:厚度为 29.75～32.50 m,其中砂层厚度为 6.30～9.95 m,含砂 2～3 层,砂层粒度以细砂、中粗砂为主,含大量黏土质,结构较致密。单位涌水量为 0.002 9～0.000 97 L/(s · m),渗透系数为 0.014～0.028 m/d。

图 2-6 为微山崔庄煤矿松散层 2006-1 号钻孔 5 个砂层试样的颗粒分布曲线,试样的有效粒径 d_{10}、不均匀系数、曲率系数、渗透系数、孔隙比等见表 2-6。

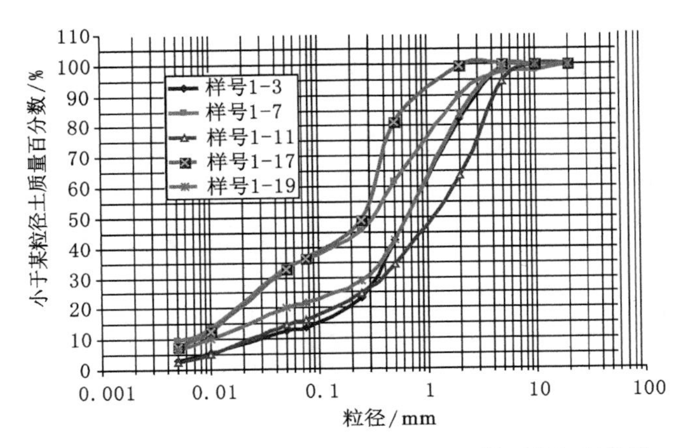

图 2-6 山东微山崔庄煤矿松散层砂层土样颗粒级配曲线

由表 2-6 可知，土样的渗透性与有效粒径之间呈现较好的对应关系，渗透系数与有效粒径大小呈正比，黏粒含量增大会使渗透性大大降低。

表 2-6　　山东微山崔庄煤矿不同深度松散层砂的渗透系数

土样编号	取样深度/m	土样名称	d_{10}/mm	C_u	C_c	e	$K/(10^{-4}$cm/s)
1-3	32.83～33.03	含细粒土粗砂	0.027	33.3	4.76	0.406	1.55
1-7	49.39～49.59	粉土质中砂	0.0055	83.6	0.60	0.447	0.997
1-11	65.80～66.00	粉土质砾砂	0.025	70.0	3.48	0.440	1.71
1-17	88.30～88.50	粉土质中砂	0.0077	42.2	0.64	0.456	0.065
1-19	92.20～92.40	粉土质粗砂	0.0095	94.7	8.53	0.534	2.33

山东兖州鲍店煤矿第四系厚度为 158.05～227.56 m，由浅灰白至灰绿色黏土、砂质黏土及黏土质砂、砂等组成。主要含水层为第四系下组，为含黏土砂和砂，厚而较稳定的含水层有 3～4 层，厚度为 0.9～43.35 m。第四系下组上部由较稳定的含黏土砂砾与砂质黏土所组成的弱含水组；下部以稳定的含水较丰富的细砂及砂砾层为主，夹黏土透镜体，且由南而北、由东而西至 3 煤露头附近，随着总厚度的加大，此透镜体逐渐过渡为条带状，且层次增多和增厚，对下部砂层及基岩风化带能起到一定的隔水作用。第四系下组为孔隙承压水，单位涌水量为 0.52～1.14 L/(s・m)，渗透系数为 3.89～7.10 m/d，底部含水层属于富水性中等的含水层。

鲍店煤矿松散层土样颗粒分析试验结果见图 2-7 和表 2-7。渗透性与有效粒径和黏粒含量的关系与上述微山崔庄煤矿的情况表现出类似特点。

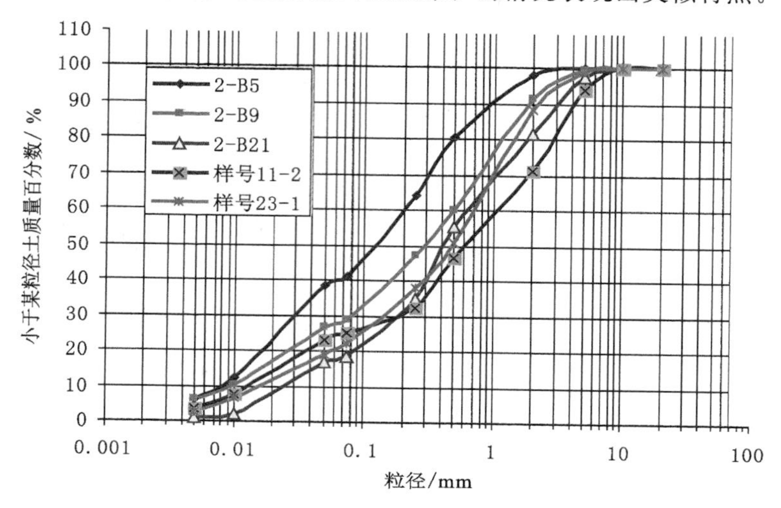

图 2-7　兖州鲍店煤矿松散层砂层土样颗粒级配曲线

表 2-7　　兖州鲍店煤矿松散层不同深度砂层的渗透系数

土样编号	取样深度/m	土样名称	d_{10}/mm	C_u	C_c	e	$K/(10^{-4}$cm/s)
2-B5	114.53～114.73	粉土质细砂	0.008	25.0	0.56	0.448	0.036
2-B9	131.47～131.677	粉土质粗砂	0.0095	52.6	1.35	0.607	1.24
2-B21	154.60～154.80	粉土质粗砂	0.024	25.8	2.43		1.41
11-2	77.50～77.70	粉土质砾	0.014	78.6	2.34		7.02
23-1	111.60～111.80	粉土质粗砂	0.016	43.8	2.00	0.522	1.95

2.3　松散层的可注性

天然状态下，土层垂直方向的渗透性取决于渗透性最弱的层位，水平方向的渗透性则取决于渗透性最好的层位，垂直和水平方向渗透系数的差异可以达几个数量级。室内试验（采用与野外同样密度的重塑土样）获得的渗透系数会介于水平方向渗透系数和垂直方向渗透系数之间。现场渗透试验更能反映水平方向的渗透系数，获得的结果更适合用于降水工程布置或者注浆设计。

鉴于土的渗透系数的重要性，很多研究者系统总结了不同类型土的渗透性，见表 2-8[97,108]。

表 2-8　　不同土的渗透性范围[97,108]

孔隙比	孔隙率	土类	颗粒尺寸/mm	渗透系数/(cm/s)	渗透性描述
0.6～0.8	0.25～0.45	砾和粗砂	>0.5	$>10^{-1}$	大
0.6～0.8	0.25～0.45	中细砂	0.1～0.5	$10^{-1}\sim10^{-3}$	中
0.6～0.9	0.25～0.5	细砂	0.05～0.1	$10^{-3}\sim10^{-5}$	小
⩾0.6	>0.25	粉砂	⩽0.5	$10^{-5}\sim10^{-7}$	很小
⩾0.6	>0.25	黏土	⩽0.05	$\leqslant10^{-7}$	不透水

R.H.Karol 引用了 Hazen 建立的渗透系数与有效粒径之间的关系式，其中系数 C 参照表 2-9 确定：

$$K = Cd_{10}^{2} \tag{2-1}$$

G.S.Littlejohn、R.H.Karol 和 W.H.Baker 研究了不同浆液的灌注特性以及各种土层中不同浆液的可灌注特性[97,109-111]。Karol 判别式 $N_c = D_{15}/G_{95} > 6$，要大于 6 才是可注的。这里 D_{15} 为被灌注砂土的颗粒级配曲线累计百分含量 15%对应的粒径，G_{95} 为要灌注水泥或其他颗粒状浆液累计百分含量 95%对应的粒径。用兖州兴隆庄矿深部土层级配曲线及前面的例子，我们算出 Karol 判别式 $N_c = D_{15}/G_{95} \ll 6$，即 N_c 远远小于 6，因此灌注水泥浆粒状注浆材料的时候可注性不好难以形成帷幕。大量统计表明，矿区深部砂层采用粒状注浆材料的可注性差，而采用化学浆液时可注性较好[112]。可注性和土层的渗透性存在着一定的关系，见表 2-10。

表 2-9　　Hazen 公式中的常数[97]

$C_u = d_{60}/d_{10}$	C
1～1.9	110
2～2.9	100
3～4.9	90
5～9.9	80
10～19.9	70
>20	60

表 2-10　渗透性和可注性的一般关系[97]

渗透系数 K/(cm/s)	可注性
$\leqslant 10^{-6}$	不可注
$10^{-5}\sim 10^{-6}$	黏度为 5 cP 的浆液灌注困难，黏度高的浆液不可注
$10^{-3}\sim 10^{-5}$	低黏度浆液可灌注，当黏度大于 10 cP 时灌注困难
$10^{-1}\sim 10^{-3}$	常用的化学浆液均可灌注
$>10^{-1}$	采用颗粒状悬液或者化学浆液通过过滤层灌注

2.4　本章小结

通过本章的研究，对注浆前松散层的组合特征和主要工程地质特点，特别是渗透特性和可注性有了比较全面的了解。

(1) 分析研究了矿区厚松散层的层组、层组特点、物质组成、物理力学性质等工程地质特性，为本书后续研究奠定了工程地质基础。

(2) 从砂土的渗透性和可注性的一般特性出发，分析了几个矿区厚松散砂层的渗透特性随着深度的变化。矿区深部砂层的粒度成分显示，采用粒状注浆材料时，其可注性差，而采用化学浆液时可注性较好。

3 砂层化学注浆浆液扩散特征

为了研究孔隙介质中化学浆液的扩散性，本章设计研制了半胶结砂岩的化学注浆试验模型，通过试验获得浆液的扩散规律，并结合课题组先期在松散砂层中的化学注浆模型试验获得的注浆体切片，通过图像分析方法，研究浆液充填分区，浆液充填浓度的不同其注浆体的渗透性也存在差异。

3.1 半胶结砂岩化学浆液渗透扩散模拟试验

3.1.1 模型制作与试验方法

本试验模拟富水性好、渗透性差的半胶结砂岩。在模型试验过程中采用电法监测模型中自然电场和人工激发电场在注浆过程中的综合变化信息来间接了解、确定浆液在弱渗介质中的渗透扩散规律。试验结束后，采用声波测试注浆体密度变化，获得化学浆液扩散的时空规律，分析浆液渗透机理，对注浆体渗透性进行分区。

模型箱外径 70 cm，内径 67 cm，高度 100 cm，内侧有效高度为 97 cm(模型试样高度)。模型顶部为开放式，底部为中心处设置有阀门的有机玻璃底座，阀门外接水管、注浆泵用于压水、注浆；圆筒侧壁下部(距底 8 cm 位置)对称设置有 4 个测压管，用于注水过程中水压的观测。模型箱实物如图 3-1(a)所示。

为方便试验后拆卸试样，将模型箱设计为组合式，如图 3-1(b)所示。有机玻璃套筒和底座可组合、拆卸，有机玻璃套筒由两个半圆筒对接组装，并可直接插入底座中，圆筒接缝及圆筒与底座对接处均加置密封橡胶条(圈)；箍套也采用底座和壁套组合式，且壁套也为对接组合结构，其作用是模型箱内筒组合后，通过加紧外部箍套使其严格密实对接并辅助受力，以使试验过程在试验压力下压水，注浆时模型箱不透水不透浆。

试验材料采用河沙和水泥配制，河沙筛除粒径 5 mm 以上颗粒，水泥采用标号 42.5 的普通硅酸盐水泥。沙子通过筛分处理分成细砾组、粗砂粒组和细砂粒组等三个粒组，其中细砾组粒径为 2 mm≤d<5 mm，粗砂粒组粒径为

(a)

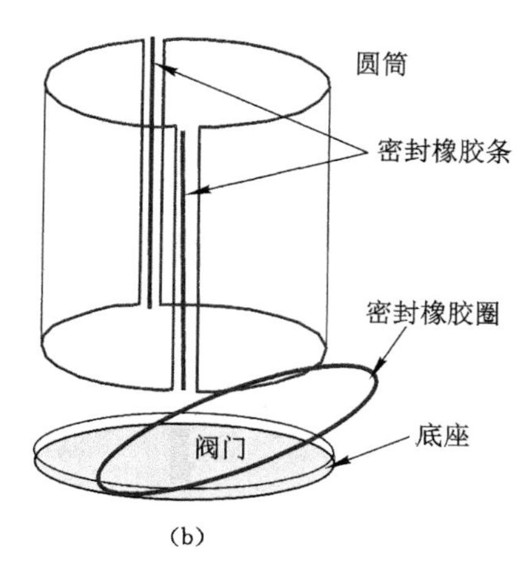

(b)

图 3-1 试验模型箱

(a) 实物照片;(b) 结构示意图

0.5 mm$\leqslant d<$2 mm,细砂粒组粒径为 $d<$0.5 mm。

试验设计的模型,采用不同的岩性组合结构,不同岩性分别由细砾组、砂粒组及水泥三者以不同比例混合配制。模型为三种岩性构成的四层结构模型,模拟岩性试样的成分按以下比例配置:

A 砂岩层——细砾粒组∶粗砂粒组∶细砂粒组∶水泥按 3∶11∶6∶1.6 比例(质量比)配置,模拟岩性为较强渗透性粗砂岩。

B 砂岩层——细砾粒组∶粗砂粒组∶细砂粒组∶水泥按 1∶4∶15∶1.6 比例(质量比)配置,模拟岩性为中等渗透性细粒砂岩。

C 层砂岩——由细砂粒组和水泥按 3∶1 比例配置,模拟岩性为弱渗透性粉细砂岩。

试验模型试样的粒度成分如图 3-2 所示。模型制成后自然养护 7 d 后开始试验。

模型 A 层质量密度 ρ=1.94 g/cm^3,含水量 w=7.5%;B 层 ρ=1.67 g/cm^3,w=9.3%;C 层 ρ=1.93 g/cm^3,w=11.3%。模型中布设电极总数为 64 只,分两层分别布设于 A 层和 B 层中,各布置电极 32 只,两层电极布设相距 30.1 cm,布设位置如图 3-3 所示,电极沿“米”字线均匀布设。其中 B 岩层电极间距均为 70 mm,外侧电极距模型边缘约 50 mm。

模型制成自然养护 7 d 后开始试验。采取径向渗透方式进行注浆,即在模型中间设置一注浆孔,注浆孔采用内径为 1.2 cm 的 PVC 管制作,PVC 管

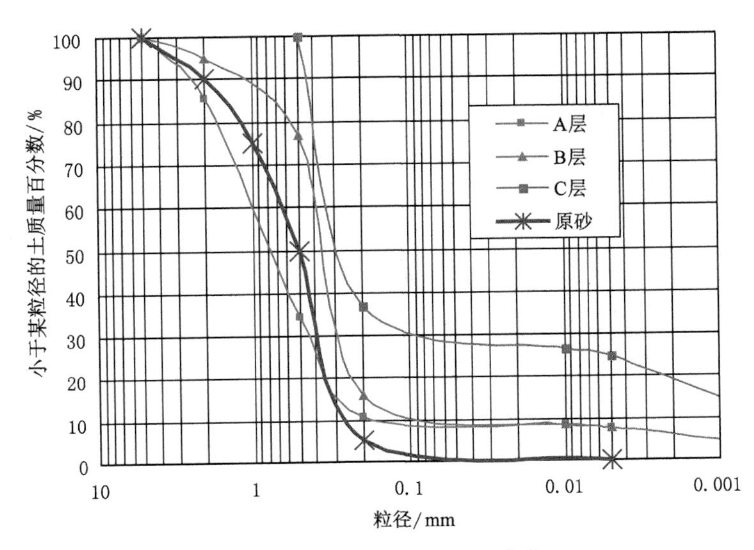

图 3-2 模型试样颗粒级配曲线

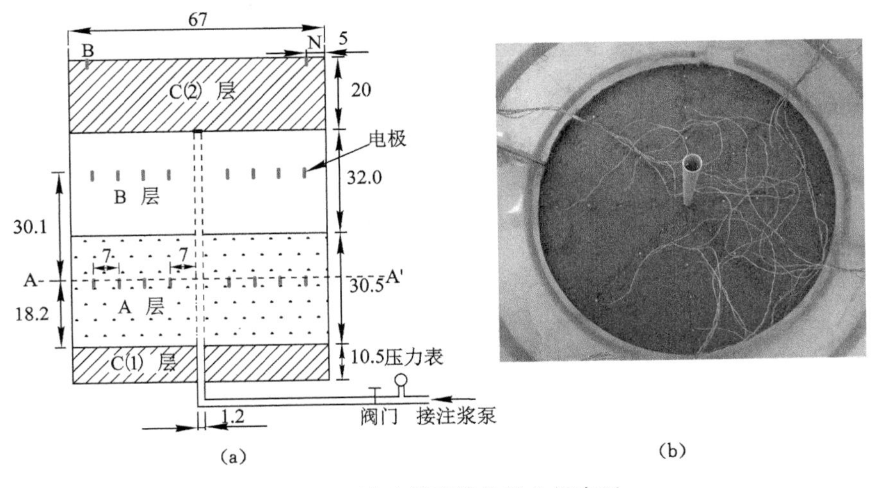

图 3-3 试验模型结构及电极布置

(a) 轴向剖面;(b) 径向剖面实物模型

管壁上开设小孔,下与底座阀门相接,注入浆液通过 PVC 管上的小孔在模型中径向渗透扩散。

数据采集采用 NPEI(Network Parallel Electricity Instrument)并行电法仪,自动采集、记录。采集数据时,供电电压稳定控制为 48 V,恒流时间为 0.5

s。试验开始首先测取一组背景值，然后在注水、注浆过程连续以 50 ms 间隔连续采集试验数据，直至化学注浆试验结束。

试验用水为自来水，所用化学浆为溶胶树脂，溶胶树脂分为甲、乙液（A、B液）分置，甲液固体含量为 40％，添加剂浓度为 4％；乙液为有机酸性促凝剂（10％～15％浓度）。试验采用甲乙液比例为 10∶3，依注水—稳定后停水、注浆—停注浆几个阶段。模型从注水开始时间到结束注浆时间整个试验过程历时 7 h 35 min。试验过程中采用手动注浆泵控制压力，注水压力为 0.15 MPa，注浆过程前 3 min 注浆压力为 0.25 MPa，3 min 后调整注浆压力稳定在 0.05 MPa 左右，注浆过程历时约 51 min。注入浆液量约 44 kg。试验期间室内环境温度为 15～19 ℃。

3.1.2 实验结果分析

图 3-4 所示为 B 层中自然电位和激励电流所反映的不同时刻浆液扩散，总体沿不同方向扩散比较均匀，呈同心圆状，反映距注浆孔不同距离，浆液充填浓度不同。在图中沿径向选取 4 条测线，如 B1、B2、B3、B4，在测线上读取浆液扩散距离及其对应时间，作浆液扩散距离随时间变化曲线，如图 3-5 所示。

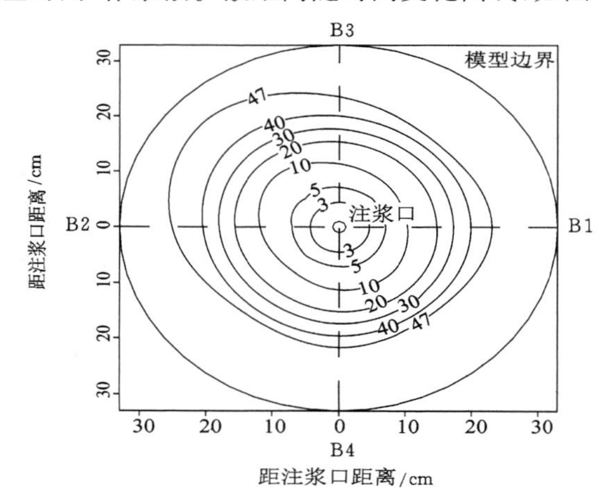

图 3-4　模型中 B 层电极布置剖面浆液径向扩散

（等值线标值为注浆历时，单位：min.）

根据浆液扩散轨迹，试验开始 3 min 内，浆液扩散平均半径为 4.4 cm，5 min内浆液扩散平均半径为 7.0 cm，前 5 min 内浆液扩散平均速度为 1.40 cm/s。注浆开始 5 min 后直到扩散到次外一圈电极处，所用时间为 42 min，浆液扩散距离为 14 cm，扩散速度比较均匀，约为 0.33 cm/s。可以看出，在试

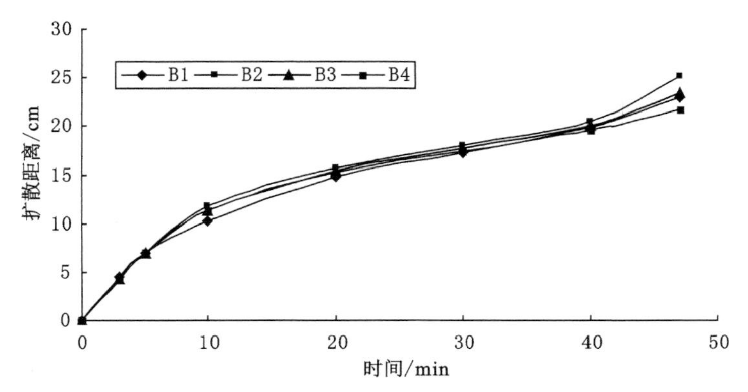

图 3-5　模型中 B 层电极布置剖面浆液径向扩散距离随时间变化曲线

验开始 5 min 后由于注浆压力降低到 0.05 MPa，浆液扩散速度也大大降低，其值约为 0.25 MPa 注浆压力下的 0.24 倍。

在模型 A 层中浆液径向扩散也呈现同心圆状，表现出与 B 层相似规律。注浆压力 0.25 MPa 时，浆液扩散速度是 B 层的 2.38 倍，在 0.05 MPa 注浆压力下，浆液扩散速度是 2.36 倍。

3.1.3　声波测试浆液分区

针对模型 B 层采用单点振动响应特征来判断激发岩体的基本属性，测点布置与数据采集如图 3-6 所示。

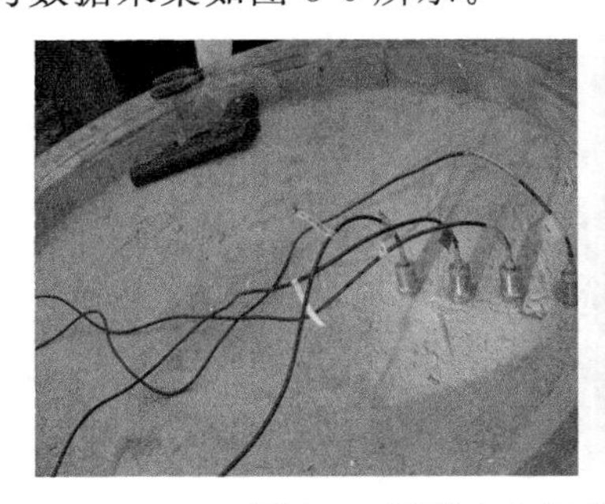
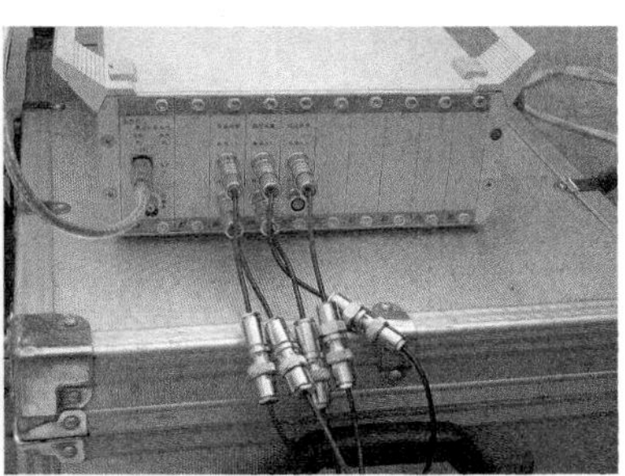

图 3-6　模型中 B 层声波测试布点与数据采集

声波测点沿模型中 B 层电极布置剖面 B1B2 方向与 B3B4 方向布置，原点距模型边界 30 mm。

源检距趋近一定小的范围，激振信号可视为以激发源位置附近介质的振动响应。对于不同强度的岩体激励响应具有不同的频谱特征，一般情况下岩石强度越大其固有频带和主频均相应地增大[113,114]。如图 3-7 所示，0～0.22

m 和 0.42～0.52 m 的位置振动主频在 3.3 kHz 左右，0.22～0.42 m 的位置主频高频移动，在 4.2 kHz 左右。由此可判断，0.22～0.42 m 的位置岩石较两侧岩石强度(密度)较大，浆液扩散密度较大。

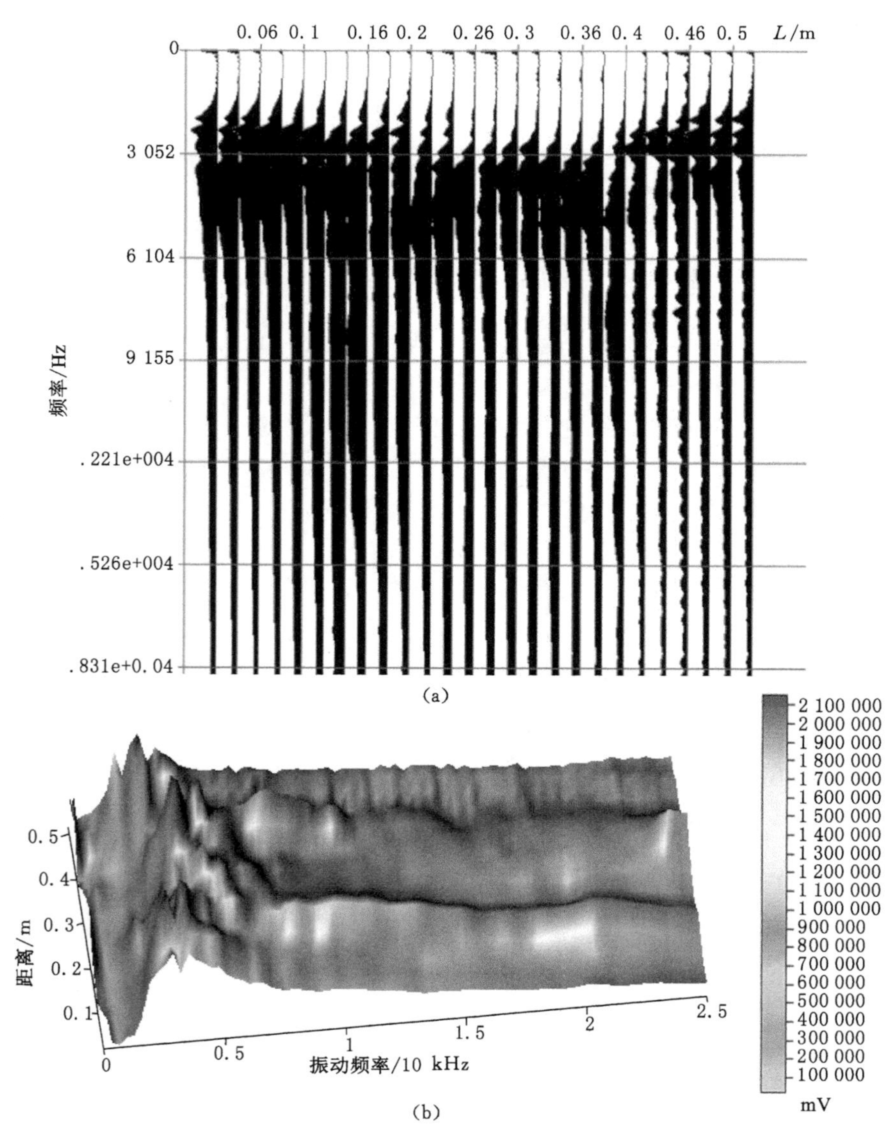

图 3-7　模型自激自收振动频谱

(a) 自激自收振动频谱平面图；(b) 自激自收振动频谱三维图

3.2　化学注浆浆液在砂层中的扩散

由于实际注浆工程的隐蔽性以及模型试验的不可视性，一般在注浆后，采用对注浆体切片的方法观测浆液扩散的情况。郭密文对切片原始图像处理后，获得了浆液扩散分布的清晰图像如图 3-8 所示，并用于分析浆液扩散机制。

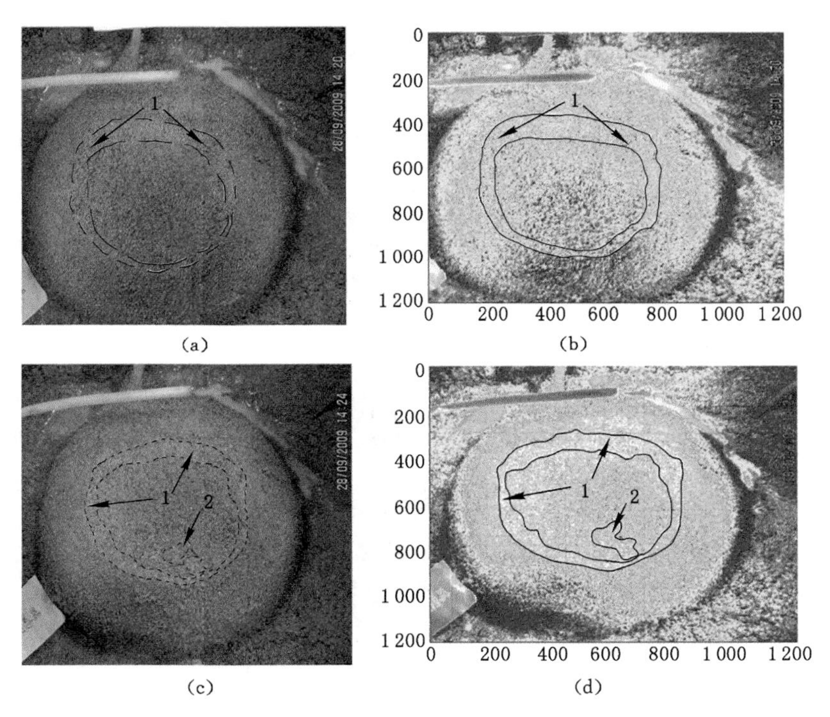

图 3-8　原始图像（左边）和处理后图像（右边）反映的浆液富集层和优势路径

1——浆液富集层；2——优势路径

王档良采用壁后化学注浆实验模型[115]，进行了粗砂化学注浆浆液扩散模拟试验。灌注砂层的 d_{10} = 0.074 mm，孔隙比为 0.7，干重度为 14 kN/m^3，渗透系数为 4.3×10^{-5} cm/s，砂层上下为不透水黏土层，注浆采用双液灌注，浆液的凝胶时间为 3 min 10 s。试验结束后，对注浆体切片分析浆液的扩散，如图 3-9 中黑色部分为纯浆液扩散的脉状路径，点状阴影部分为不同比例的浆液固结体。结合对浆液扩散过程中渗透压力、温度以及化学成分变化的监测，王档良归纳了在饱和砂土层中破壁注浆的 3 个过程：水平劈裂、垂直劈裂和挤密渗透。

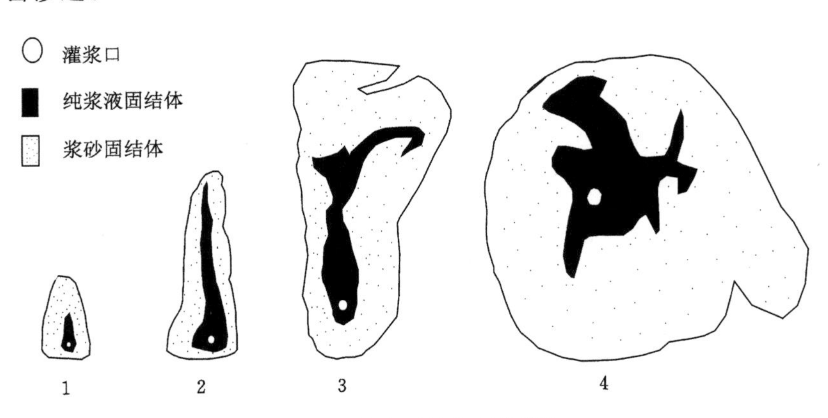

图 3-9　浆液固结体形状[115]

以上两种分析方法可以反映浆液扩散和富集的大概状况，但是没有做到定量分析距离注浆孔不同位置的浆液的浓度变化。

3.3　化学注浆浆液在砂层中扩散的图像分析方法

通过图像分析浆液浓度并对浆液富集进行分区，即对松散砂层注浆体原始图像，用 MATLAB 软件处理后转化为灰度图像，为了有效识别浆液和颗粒，通过编程处理对灰度图像的灰度值进行分级，绘出灰度值等值线图。并与实际情况对比，获得不同浆液浓度充填区。

如图 3-10 所示为固结体灰度图像（灰度图像中黑色为砂体颗粒与孔隙，灰度值为 0～169；白色为浆液，灰度值为 255，灰度介于两者之间的其灰度值也介于 170～255 之间），该图像为数码相机拍摄的彩色固砂体照片（RGB 图像）经 MATLAB7.0 软件处理转换而成。通过编程处理，对图 3-10 所示的灰度图像进行灰度值分级，结果如图 3-11 所示。

图 3-11(a)中红色部分对应的灰度值为 230～255；黄色部分对应的灰度值为 210～229；绿色部分对应的灰度值为 190～209；蓝色部分对应的灰度值为 170～189。图 3-11(b)为灰度值等值线示意图，灰度区间进行分级与浆液充填区浓度关系见表 3-1。

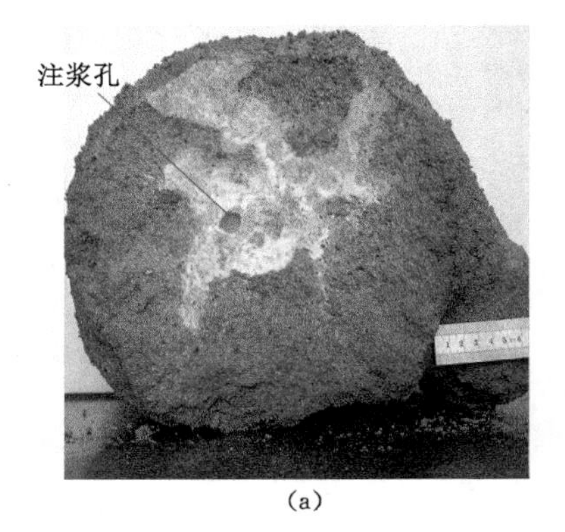

(a)

(b)

图 3-10 固砂体的原始图像和灰度图像

(a) 原始图像;(b) 灰度图像

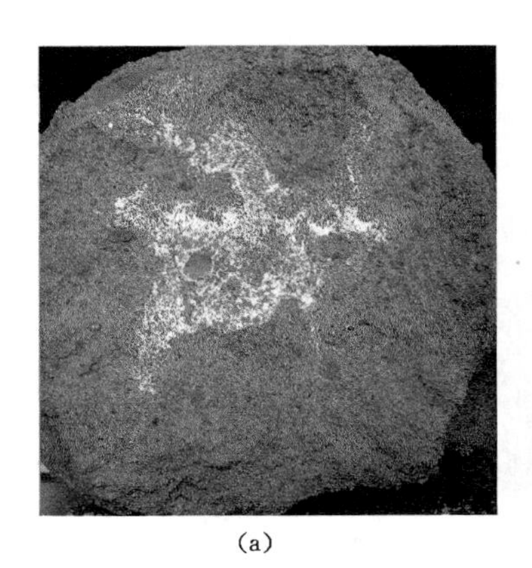

(a)

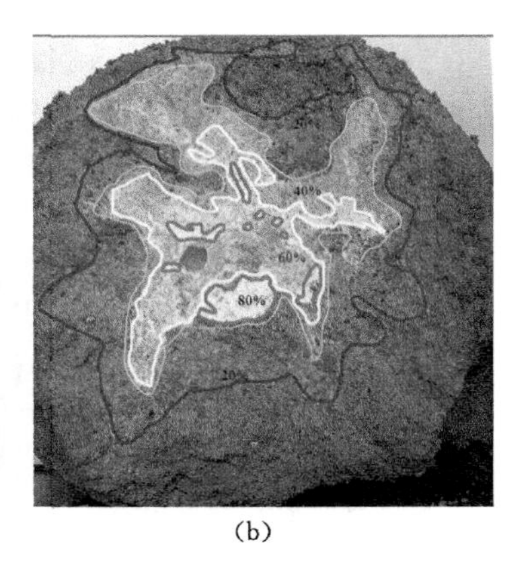

(b)

图 3-11 灰度值分级

(a) 灰度值分级;(b) 灰度值分级等值线

表 3-1 灰度区间分级与浆液充填区浓度

颜色	分级	灰度值区间	浆液充填程度
黑	0	0～169	颗粒剂孔隙
蓝	1	170～189	＞20％
绿	2	190～209	＞40％
黄	3	210～229	＞60％
红	4	230～255	＞80％

图 3-12 是另一松散层注浆体切片与灰度图像，图 3-13 为灰度值分级与等值线图，呈现出与图 3-10 固砂体相同的浆液扩散分布特征。

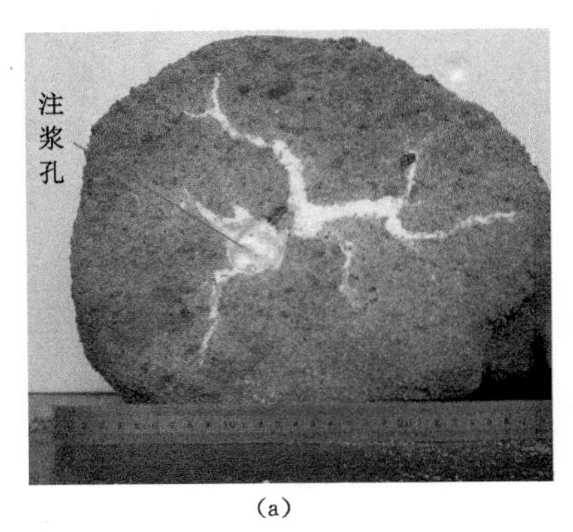

(a)

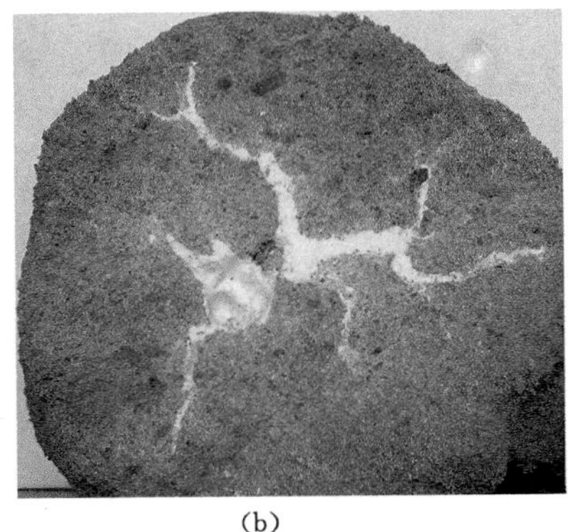

(b)

图 3-12　固砂体的原始图像和灰度图像

(a) 原始图像；(b) 灰度图像

(a)

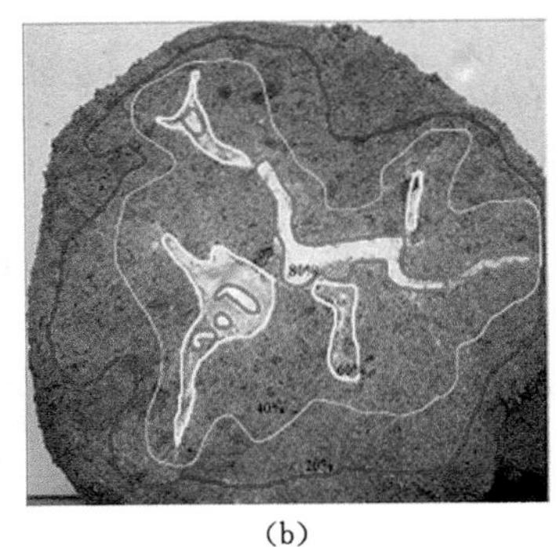

(b)

图 3-13　灰度值分级

(a) 灰度值分级；(b) 灰度值分级等值线

对高压封闭环境化学注浆试验固砂体切片如图 3-14 所示，图像处理见图 3-15，结果同样也呈现出分区特征。

浆液浓度的分区必然会造成注浆体不同浆液浓度充填区的渗透性和抗渗性能的差异。因此，本书研究的重点是注浆固砂体和含不同浓度比例浆液固砂体在高围压、高渗透压差下的渗透性。

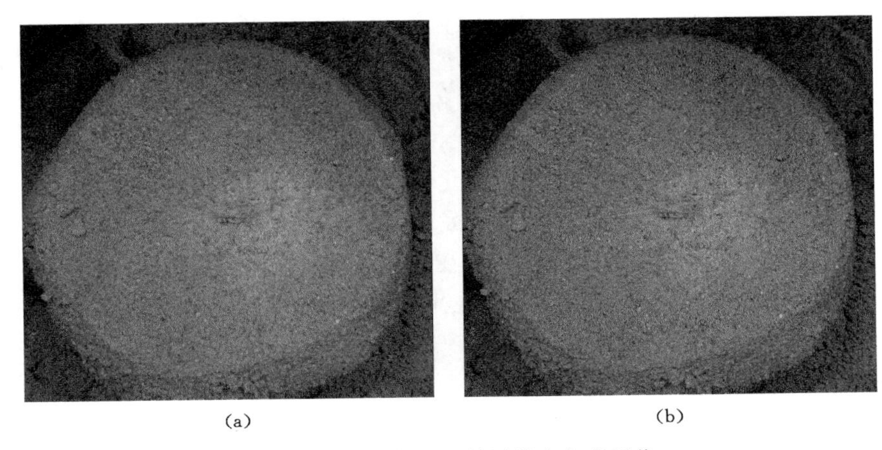

图 3-14　固砂体的原始图像和灰度图像

(a) 原始图像;(b) 灰度图像

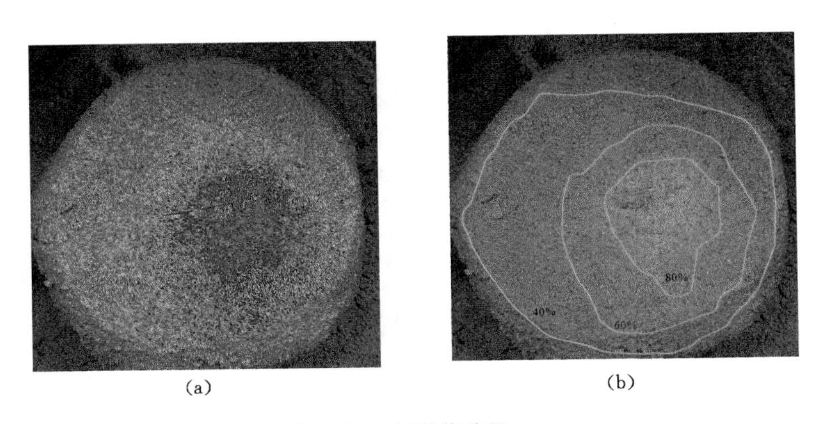

图 3-15　灰度值分级

(a) 灰度值分级;(b) 灰度值分级等值线

3.4　本章小结

(1) 对半胶结砂岩进行了模拟注浆试验研究,采用电法和声波测试了监测浆液的扩散和固砂体的密度。结果表明,钻孔周边注浆浆液渗透随着时间基本上呈同心圆状扩展;在相同注浆压力下,浆液在不同渗透性介质中的扩散速度具有明显差异。在 0.25 MPa 注浆压力下,渗透性大的 A 层中浆液扩散速度是渗透性小的B层的2.38倍，在0.05 MPa注浆压力下是2.36倍，浆液在B层中扩散时间为A层的2倍，但扩散距离只是A层中的3/4，反映了半胶结砂岩渗透性对浆液扩散的重要影响。声波测试也反映出不同位置注浆体密度不同，距离钻孔近的位置密度较大。

（2）对课题组先期模型试验获得化学浆液固结体进行切片，采用图像处理技术，获得了浆液扩散浓度等值线，发现浆液的浓度随着距离注浆孔有降低趋势，但是也存在局部富集现象，浆液在砂层注浆中形成的不同浓度分布，对固结砂层的渗透性会造成重要影响，在第5章中将对不同浆液浓度的固砂体进行抗渗试验研究。

本章通过模拟试验和注浆固砂体切片图像分析，明确了化学浆液在砂层和半固结砂层中的扩散运移规律，浆液浓度的分区必然会造成注浆体渗透性和抗渗性能的差异。

4 砂的高压三轴渗透特性研究

在研究化学注浆固砂体高围压条件下的渗透特性之前，首先要对松散砂层在高围压条件下的渗透特性进行研究，以便对比化学注浆防渗效果。

砂土的渗透服从达西定律：水流在土体中的渗流速度与水力坡降成正比，即：

$$V = k\,\frac{H_1 - H_2}{L} \tag{4-1}$$

式中 K——渗透系数，cm/s；

H_1——上游水位，cm；

H_2——下游水位，cm；

L——渗透路径，cm。

砂土渗透系数的试验方法国内外各不相同，但是所有方法均是基于对达西定律这一基本渗流方程的应用，常用的试验方法有变水头渗透试验、常水头渗透试验、一维垂直土柱积水入渗试验等[116]。《土工试验方法标准》(GB/T 50123—1999)、《土工试验规程》(SL 237—1999)等制定出了测试土渗透系数的具体步骤，并规定一般粗粒土采用常水头渗透试验，细粒土宜采用变水头渗透试验。

常水头渗透试验法，就是在整个试验过程中保持水头为一常数，从而水头差也为常数。其渗透公式如下：

$$k_t = \frac{QL}{AHt} \tag{4-2}$$

式中 k_t——水温 T ℃时砂样的渗透系数，cm/s；

Q——时间 t 秒内的渗出水量，cm^3；

L——两侧压管中心间的距离，cm；

t——渗透起始和终止时间差，s；

A——砂样的断面积，cm^2；

H——平均水位差，cm。

变水头试验法，就是试验过程中水头差一直随时间而变化，其渗透系数计算公式如下：

$$k_t = 2.3\frac{aL}{At}\log\frac{H_1}{H_2} \tag{4-3}$$

式中 a——变水头管的面积，cm^2；

2.3——ln 和 log 的变换因数；

L——砂样高度，cm；

A——砂样的断面积，cm^2；

t——渗透起始和终止时间差，s；

H_1，H_2——起始和终止水头，cm。

4.1 研究思路

由于原状土样的不均一性，对于探究规律性的大量土样需求无法满足，因此，在前述第 2 章原状土试验结果分析的基础上，对采自某矿区厚松散层砂层的细砂、粗砂、黏土质砾砂按照原状土同样粒度成分配制重塑砂样，分别进行常规变水头渗透试验和高压渗透试验。通过静态高压三轴试验系统，对重塑试样进行不同高围压、不同渗透水力梯度条件下的渗透性试验，以获得高围压条件下砂土的渗透特性，并通过砂样渗透过程中的体积变化和渗透试验前后的粒度成分对比，解释高围压下砂土渗透性变化的主要原因。

4.2 试验材料与试样制备

4.2.1 试验材料

根据矿区厚松散层钻探获取的原状砂土样，根据《土的工程分类标准》(GB/T 50145—2007)与《岩土工程勘察规范》(GB 50021—2001)划分土的类型(粗砂：>0.5 mm 占 50%以上；细砂：>0.075 mm 占 85%以上；黏土质砾砂：>2mm 占 25～50%)，选取三种砂土：粗砂、细砂、黏土质砾砂，其渗透系数分别为 10^{-3} cm/s、10^{-4} cm/s、10^{-5} cm/s 数量级。将砂土经洗砂、风干、碾散、过筛后配制上述三种砂样，粒度组成如表 4-1 和图4-1所示。

三种砂样的特征粒径 d_{10}、d_{30}、d_{60} 分别为：

粗砂：0.155、0.35、0.72 mm；

细砂：0.075、0.135、0.255 mm；

黏土质砾砂：0.029、0.290、0.70 mm。

由表 4-1 中三种砂样的有效粒径、不均匀系数、曲率系数可知，选用的三种砂，不能同时满足 $C_u \geqslant 5$ 和 $C_c = 1 \sim 3$ 两个条件，均为级配不良砂。

表 4-1　　**砂样粒度组成**

土样名称	颗粒组成/mm，%								d_{10}/mm	C_u	C_c
	5～2	2～0.5	0.5～0.25	0.25～0.075	0.075～0.05	0.05～0.01	0.01～0.005	<0.005			
粗砂		55	25	20					0.155	4.7	1.10
细砂		10	30	50	1.9	4.7	1.2		0.075	3.40	0.95
黏土质砾砂	26	20	28.5	10	2.9	7.3	2	3.3	0.029	24.1	4.14

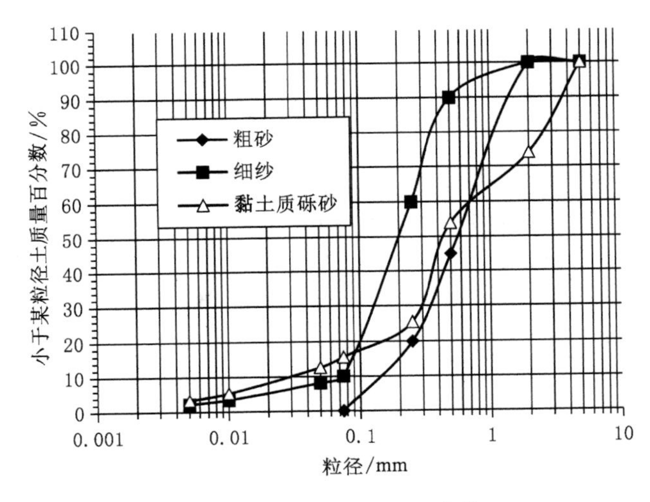

图 4-1　砂样的颗粒级配曲线

4.2.2　试样制备

4.2.2.1　砂的常规渗透试样制备

常规渗透用南 55 型渗透仪，环刀高度 $h=4$ cm，直径 $D=6.18$ cm，截面积 $A=30$ cm^2，体积 $V=120$ cm^3，设计土样干密度 $\rho_d=2.00$ g/cm^3，则需土质量 $m=240$ g。考虑制样损失每个土样按 250 g 土配制，按表 4-1 比例取各粒径对应土质量，详见表 4-2。

表 4-2　　　　**砂样制备**

土样名称	土的分类标准	土总质量/g	粒径/mm	各粒径土占百分数/%	各粒径土质量/g
粗砂	＞0.5 mm占 50%以上	250	2～0.5	55	137.5
			0.5～0.25	25	62.5
			0.25～0.075	20	50
细砂	＞0.075 mm占 85%以上	250	2～0.5	10	25
			0.5～0.25	30	75
			0.25～0.075	50	125
			＜0.075	10	25
黏土质砾砂	＞2 mm占 25～50%	250	5～2	26	65
			2～0.5	20	50
			0.5～0.25	28.5	71.25
			0.25～0.075	10	25
			＜0.075	15.5	38.75

干土总重 250 g，设计含水量为 10%。首先将按比例取的砂土充分搅拌均匀，再将需加的水量喷洒到土料上，搅拌均匀后装入塑料袋然后置于隔板下部盛水的干燥皿密封保持 24 h，使土料颗粒吸水充分，含水均匀。称渗透仪环刀质量 W_1，将土(275 g)分 10 等份，分 10 层装入并用击实锤分层击实，每层 10 击，层间拉毛处理，击实后将试样两端削平，测其密度。同一砂样，要求密度相同。

4.2.2.2　三轴渗透试样制备

用于高压三轴渗透试验的试样制作方法与常规渗透试样制作方法类似，称取上述配好含水量的砂土(275 g，称 10 等份)，分 10 层装入自制的三轴饱和器(详述见 4.2.3.1)并用击实锤分层击实，每层 10 击，击实后将试样两端削平。

4.2.3　试样预固结装置设计与试样预固结

4.2.3.1　预固结装置设计

为使砂样达到接近原状土的状态，常规渗透试样与三轴渗透试样都需要经过预固结接近原状土密度的状态，常规渗透试样可在固结仪上直接预固结。为了实现对三轴试样预固结，设计加工了三轴试样预固结装置，该装置由高压固结仪和改造后的三轴试验饱和容器组成。三轴饱和器三瓣膜高度由 80

mm增加至105 mm,内径为39.1 mm,上、中、下各有三个箍环[图4-2(a)]保证压缩过程的稳定,不发生倾斜;将原高压固结仪加压框臂导杆加高100 mm[图4-2(b)],以满足常规渗透仪环刀试样固结和自制三轴饱和器固结要求。

(a)

(b)

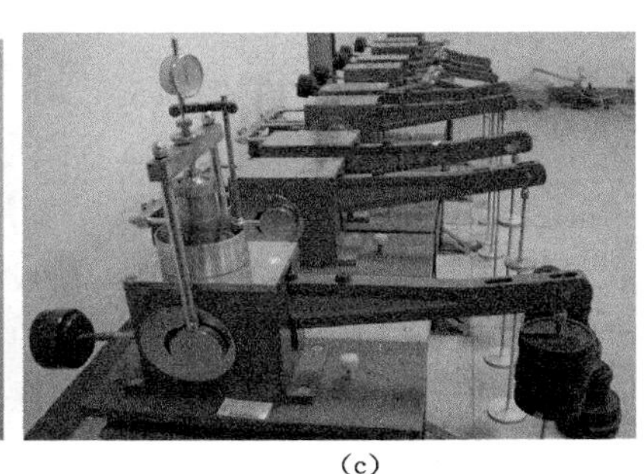

(c)

图4-2　重塑土预压装置

(a) 自制饱和器;(b) 试样固结中;(c) 高压固结仪全貌

4.2.3.2　试样预固结

常规渗透试样预固结压力为50、100 、200、300和400 kPa,GDS高压三轴渗透试样预固结压力为25、50、100、200、400、600、800、1 000、2 000 kPa。固结过程中仪器以潮湿棉布包裹,外套一层塑料薄膜以保持土样含水量不变。根据《土工试验规程》[117]逐级加载固结,固结过程中每级荷载只恒压1～2 h,测定其压缩量。当前一级变形量小于0.005 mm/h时,就可以加下一级荷载,每一个砂样的总固结时间为24 h。固结完成后,常规渗透试样根据试样压缩变形量,求出试样实际高度,计算试样密度。三轴试样制成高80 mm、内径39.1 mm标准试样,称重并计算试样密度。试样数量和实验方案见表4-3。

表4-3　试样数量与试验方案

样品类型	数量	渗透试验试验方案
粗砂	2	南55渗透仪,变水头渗透
细砂	2	南55渗透仪,变水头渗透
黏土质砾砂	2	南55渗透仪,变水头渗透
粗砂	3	静态三轴试验系统,高围压高水力梯度
细砂	4	静态三轴试验系统,高围压高水力梯度
黏土质砾砂	2	静态三轴试验系统,高围压高水力梯度

4.3 GDS 静态高压三轴试验系统

4.3.1 设备简介

由英国 GDS 公司研制的静态三轴试验系统，采用先进的机械制造工艺和自动控制技术，实行数字化操作，量测、控制精度高，由计算机通过 GDSLAB 控制试验和自动记录数据，可以模拟实际的地质和施工条件施加复杂的荷载，也可以使垂直应力和水平应力同时改变。

GDS 静态三轴试验系统包括一个内置一体化的轴向马达驱动器，3 个计算机控制的压力源，一个 8 通道数据采集板，一个 IEEE 串口卡和一台计算机。GDS 系统采用标准型控制器或高级型控制器，系统控制采集数据并可以通过实时显示的图形控制试验，数据处理则通过软件来完成，如图 4-3 所示。

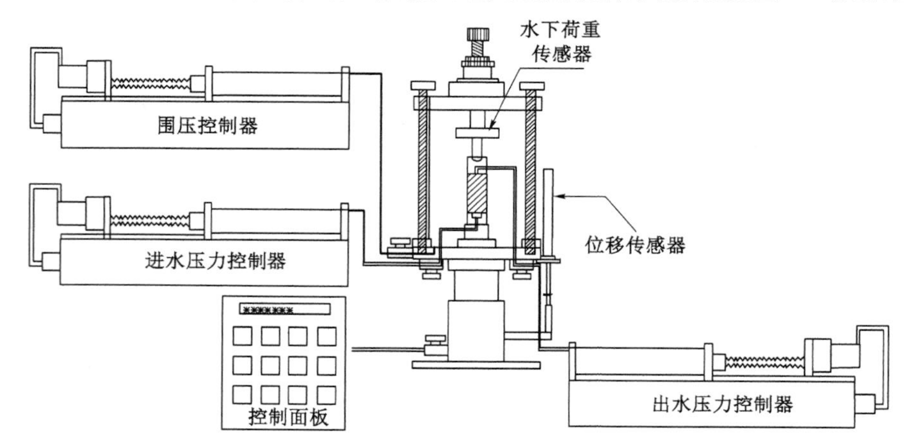

图 4-3　GDS 静态三轴渗透系统组成示意图

本试验采用的是中国矿业大学委托英国 GDS 公司研制的静态高压三轴试验系统(GDS 40 kN/10 MPa)，最大垂直荷载 40 kN，最大围压 10 MPa，如图 4-4 所示。

由于围压大，因此采用不透明刚性压力室[图 4-5(a)]。三轴压力室包括压力室和内置一体化轴向驱动器，内置 40 kN 水下荷载传感器，通过压力室底部马达驱动螺杆来控制轴向位移和轴向力。测量轴向位移的分辨率为0.1 μm。

围压通过 200 cc/10 MPa 数字式压力/体积控制器来控制。体积精度为测

图 4-4　40 kN/10 MPa 静态高压三轴试验系统

(a)

(b)

图 4-5　GDS 高压三轴仪非透明刚性压力

(a) 不锈钢压力室及轴向驱动器;(b) 数字式压力/体积控制器

量值的 0.1%,压力精度为全量程的 0.1%,体积变化测量和显示至 1 mm^3,压力调节和显示至 1 kPa。围压控制器通过细钢管与压力室相连,如图 4-5(b)所示。

高压三轴渗透进水口压力通过 200 cc/10 MPa 数字式压力/体积控制器来控制。体积精度为测量值的 0.1%,压力精度为全量程的 0.1%,体积变化测量和显示至 1 mm^3,压力调节和显示至 1 kPa。控制器通过高压塑料管与压力室相连。

高压三轴渗透出水口压力通过 200 cc/2 MPa 数字式压力/体积控制器来控制,控制器通过高压塑料管与压力室相连。

每个压力控制器测试的压力均来自控制器圆柱腔内部的压力传感器,将测得的值转换成数字形式,然后根据需要命令步进马达前后移动来增加或减少压力。

4.3.2 工作原理

GDS 静态高压三轴渗透试验系统可以进行高围压条件下不同压力差的渗透试验，包括恒定水头渗透试验或恒定流速渗透试验。本书采用恒定水头渗透试验。

GDS 静态高压三轴渗透试验系统硬件要求：一个轴向位移控制面板与传感器，三个压力控制器（围压，进水、出水压力）、压力室、数据线与计算机。

在一定围压条件下，保持试样底部和顶部维持一个恒定的压力差，试验中设置底部压力（进水压力）大于顶部压力（出水压力）。水流通过底部压力控制器和顶部压力控制器，测量过水断面的流量，根据达西定律计算其渗透系数。测量和计算过程由计算机控制系统自动完成。

GDS 高压三轴试验系统不同于其他三轴仪器最大的优点在于可以模拟较高的围压，最大围压可以达到 10 MPa，同时其记录数据较为详细，数据记录 10 s 一次，可以实时监测试验的渗透系数和渗透压差。同时此三轴渗透试验还可测定低流速水量，得到较满意的试验结果。但是三轴渗透试验过程中也必须注意以下几点：

① 三轴渗透试验前必须对控制器以及压力室进行排气泡，避免当气泡溢出时，GDSLAB 上记录的渗透系数波动较大。

② 在试验过程中，需要对反压控制器充水和对基本压力控制器排水时，必须将两个阀门关闭，充排水清零后才可以继续试验。

③ 试验中需要进行加卸载高围压渗透试验，其中加压和卸压后一定要稳定 30 min 才可以继续试验，以保证试验精度的准确。

④ 试验后对围压控制器需逐级卸载，从而避免卸载过快对仪器产生影响。

4.3.3 试验步骤

① 开机，启动仪器各部分硬件，并进行试验管路排气、基准面调整等工作。然后将围压、进水压力以及出水压力控制器与压力室连接的阀门打开排水，清除三个控制器中的空气后关闭阀门。

② 装样。将砂样从饱和器中移入到压力室内，装试样于三轴仪上，操作方式根据《土工试验规程》。套上一层乳胶膜后，为防止压力过大颗粒将乳胶膜顶破，在第一层乳胶膜外套第二层乳胶膜，再缠上一层电工胶布，然后再套上第三层乳胶膜，如图 4-6 所示。

③ 压力室充水。试样安装好后，套好不锈钢压力室并将其密闭，然后向

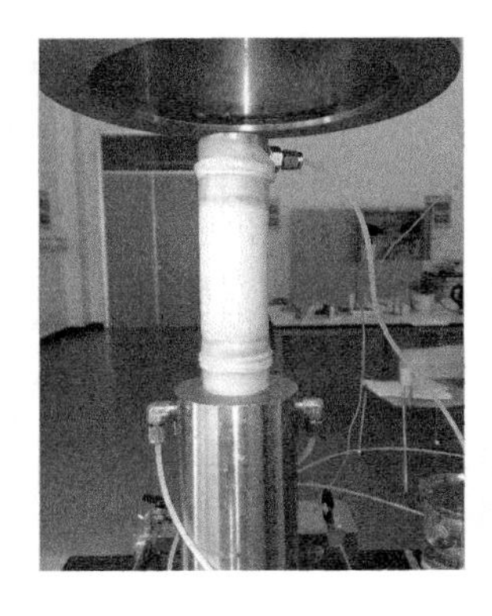

图 4-6 高压渗透试验装样示意图

压力室充水,待水充满后将压力缸顶上的螺旋塞拧紧。

④ 启动 GDSLAB 软件[118],进入渗透试验界面,见图 4-7 所示。

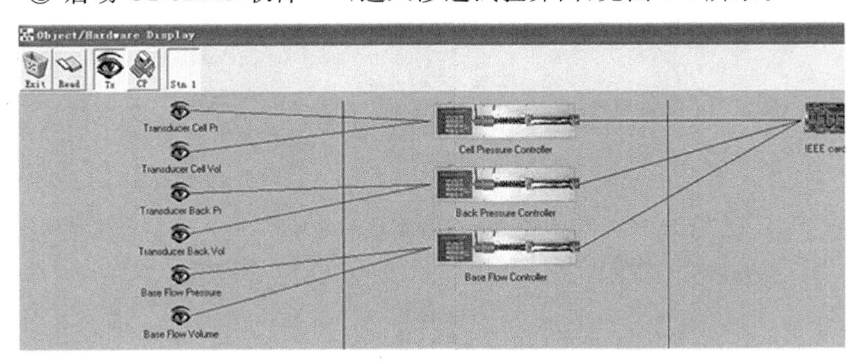

图 4-7 GDSLAB 软件渗透试验界面

⑤ 三个压力控制器初始数据归零。

⑥ 按 GDSLAB 软件操作步骤进入试验站点进行试验计划设置,见图 4-8(a)所示。输入围压的目标压力值,试样顶部出水和底部进水压力值与压力差,见图 4-8(b)所示。

⑦ 打开控制器与压力室连接的阀门,对试样施加围压和底部进水压力、顶部出水压力,开始试验。

⑧ 进入试验显示窗口,观测和记录试验结果和曲线,如图 4-8(c)所示。

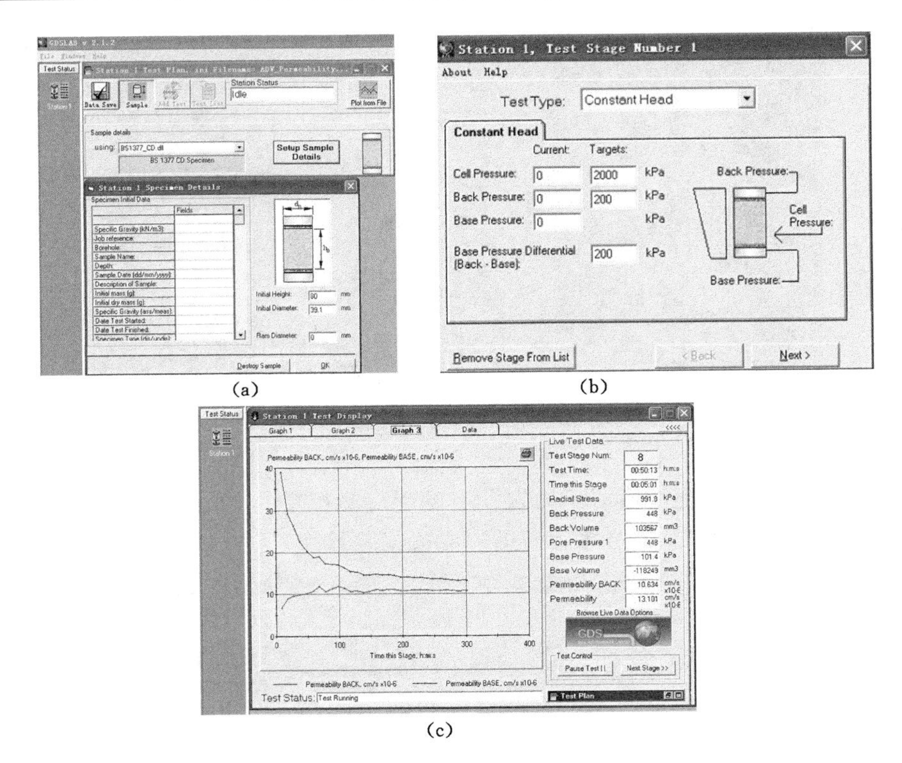

(a) (b)

(c)

图 4-8 GDS 高压三轴渗透试验控制界面

(a) 试验站点试验计划设置;(b) 压力设置;(c) 显示界面

4.4 常规渗透试验结果分析

4.4.1 砂样预固结结果分析

试样预固结判断稳定后计算其压缩量、孔隙比、绘制出 $e \sim p$ 曲线及 $e \sim \lg p$ 压缩曲线。如 5 号粗砂的物理参数如表 4-4 所列,其压缩曲线如图 4-9 所示。

表 4-4 5 号粗砂的物理参数

5 号粗砂	固结压力 p/kPa	稳定固结量 ΔH/mm	压力 p 时孔隙比/e
初始孔隙比为 $e_0 = 0.533$	250	0.209	0.529
初始高度 $H_0 = 8.73$ cm	500	0.397	0.526
土样初始密度 $\rho = 1.849$ g/cm^3	1 000	0.689	0.521
土样的重度 $G_S = 2.577$ kN/cm^3	2 000	1.102	0.514

所以由 e 和 p 绘制出 $e\sim p$ 曲线和 $e\sim\lg p$ 曲线如图 4-9 所示。9 号细砂的物理参数见表 4-5,其压缩曲线如图 4-10 所示。

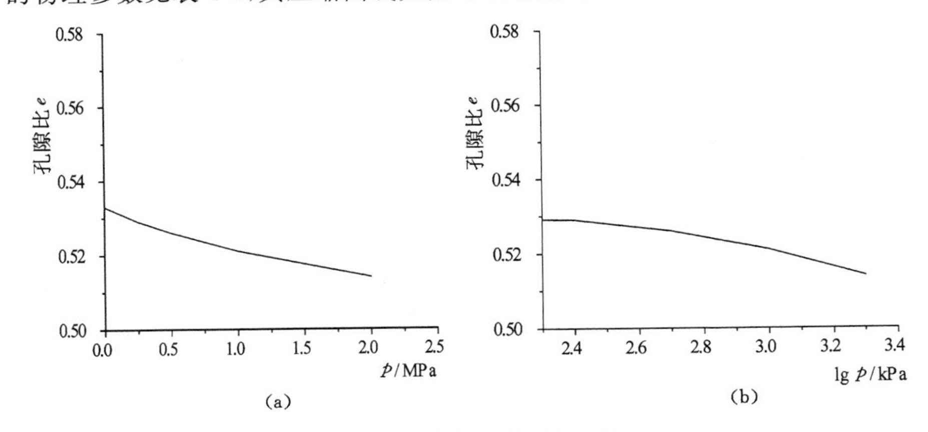

图 4-9　5 号粗砂的压缩曲线

(a) $e\sim p$ 压缩曲线 (b) $e\sim\lg p$ 压缩曲线

表 4-5　　9 号细砂的物理参数

9 号细砂	固结压力 p/kPa	稳定固结量 ΔH/mm	压力 p 时的孔隙比 e
初始孔隙比为 $e_0=0.515$	250	0.290	0.510
初始高度 $H_0=8.55$ cm	500	0.531	0.506
土样初始密度 $\rho=1.920$ g/cm^3	1 000	0.837	0.500
土样的重度 $G_S=2.645$ kN/cm^3	2 000	1.290	0.492

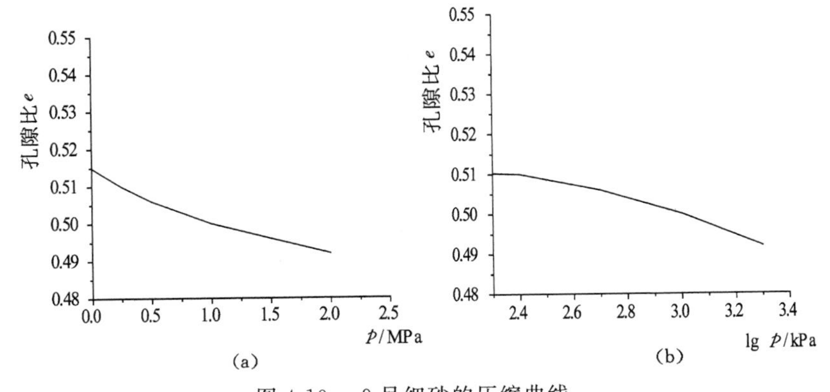

图 4-10　9 号细砂的压缩曲线

(a) $e\sim p$ 压缩曲线;(b) $e\sim\lg p$ 压缩曲线

4.4.2 三种砂样渗透系数

采用南55型渗透仪，对4.2.2.1制备的三种砂样，分别进行变水头常规渗透试验，试验结果见表4-6。粗砂的渗透系数为1.71×10^{-3} cm/s，密度为1.82 g/cm^3；细砂的渗透系数为$(5.62\sim8.31)\times10^{-4}$ cm/s，密度为1.90 g/cm^3；黏土质砂的渗透系数为4.35×10^{-5} cm/s，密度为2.17 g/cm^3。

表4-6 砂样变水头渗透试验结果

试样编号	水头 开始～结束 $h_1\sim h_2$/mm	经过时间/s			渗透系数/$\times10^{-4}$cm/s 水温度14 ℃，$\eta_T/\eta_{20}=1.163$					
		t_1	t_2	t_3	K_{t1}	K_{t2}	K_{t3}	K_t	K_{20}	平均K_{20}
粗砂1	100～90	3	3	3	15	15	15	15	17.5	17.1
	80～70	4	4	4	14.3	14.3	14.3	14.3	16.6	
粗砂2	100～90	3	3	3	15	15	15	15	17.5	17.1
	80～70	4	4	4	14.3	14.3	14.3	14.3	16.6	
细砂1	110～100	8	9	8	5.1	4.53	5.1	5.1	5.78	5.62
	95～85	9.5	10	9.5	5.01	4.76	5.01	5.01	5.68	
	80～70	12	13	12	4.77	4.30	4.77	4.77	5.41	
细砂2	110～100	6			6.8				8.34	8.31
	95～85	7			6.8				8.34	
	80～70	8.5			6.73				8.26	
黏土质砾砂	110～100	103	104		0.396	0.392		0.394	0.446	0.435
	95～85	125	125		0.381	0.381		0.381	0.432	
	80～70	152	152		0.376	0.376		0.376	0.426	

一般条件下松散粗砂和细砂的渗透系数约为5×10^{-2} cm/s和1.15×10^{-3} cm/s[119]，很明显，固结后的渗透系数明显小于未固结前的渗透系数。

由图4-9、图4-10的压缩曲线可以看出，经过击实后的细砂和粗砂两种土为密实砂土，其压缩曲线较为平缓，压力较小时曲线较陡，随压力逐渐增大，曲线逐渐变缓。两种砂体的渗透系数较松散条件减小很多，说明经过压缩的砂土颗粒内部发生了改变，孔隙率逐渐降低，颗粒骨架逐渐压密，所以压力的施加会使得砂土的渗透系数降低，其根本原因是砂土孔隙比减小。

4.5 高压三轴渗透试验结果分析

4.5.1 高压三轴渗透

为探究砂土在不同围压和渗透水力梯度条件下渗透系数的变化，制定了3种试验方案，试验中所采用的围压加载方式为静水压力方式(即轴压与侧向压力均相同)。

(1) 某一试样在设定围压和设定渗透水力梯度条件下，渗透系数随时间的变化。

(2) 设定渗透水力梯度条件下，渗透系数随围压的变化，包括：

① 设定渗透水力梯度条件下，平行试样不同围压下的渗透系数。

② 设定渗透水力梯度条件下，对同一砂样逐级加载围压，到某一值后再从此数值按顺序逐级卸载至初始围压下砂样的渗透系数。

(3) 设定围压条件下，渗透系数随渗透水力梯度的变化。

4.5.2 恒定围压、设定渗透水力梯度下渗透系数随时间的变化[120]

对粗砂和细砂在单一荷载下进行 60 min 的渗透试验，所设定的围压分别为1、2、4、6、8 MPa，所设定的压差均为 100 kPa。由于试验中砂样状态和渗流作用，实际的渗透压差是不同的，试验稳定后的围压和压差如表4-7所示。

表 4-7 稳定后的围压、压差、水力梯度及渗透系数

试验材料	实际围压/kPa	实际压差/kPa	实际水力梯度	稳定渗透系数/(10^{-6} cm/s)
粗砂	994.8	8.20	10.25	315.200
	2 004.0	24.00	30.00	98.200
	3 996.0	29.50	36.88	75.400
	5 996.0	103.00	128.75	0.201
	7 996.0	108.00	135.00	0.003
细砂	999.3	11.00	13.75	196.700
	2 004.0	14.90	18.63	148.020
	4 004.0	24.20	30.25	86.700
	5 997.8	45.10	56.38	46.000
	7 996.0	111.80	139.75	21.670

渗透系数随时间的变化曲线如图4-11所示。可见，随着时间的延长，粗砂和细砂的渗透系数都会发生改变，其值最终都会逐渐减小直至达到稳定，同时围压越大，渗透系数达到稳定的时间就会越短，其中粗砂6 MPa和8 MPa的渗透系数随时间的变化曲线基本重合到一起。

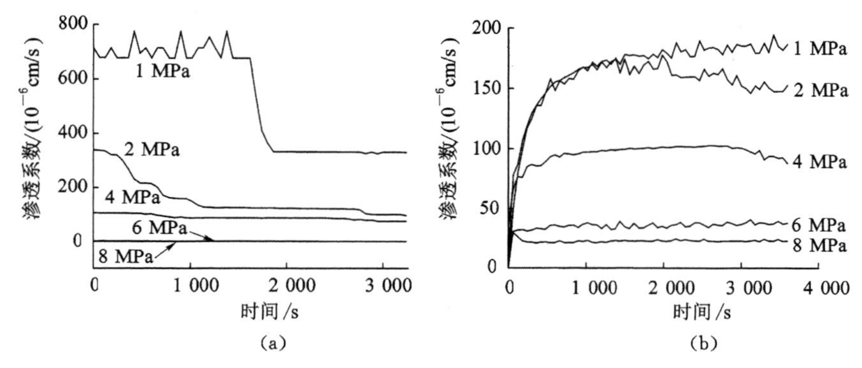

图4-11　不同围压下砂土渗透系数随时间的变化曲线

(a) 粗砂；(b) 细砂

对比粗砂与细砂的渗透系数随时间的变化曲线可以发现，粗砂在不同围压下的渗透系数均随时间的增大而逐渐减小，推断为高围压条件下颗粒孔隙逐渐被挤密以及颗粒逐渐被压碎，且其渗透系数是从某一最大值逐级递减的；而细砂的渗透系数则会先出现一个逐渐增大的过程，达到某一个值后，再随着时间的增大而逐渐减小。

两种砂样的渗透曲线在试验开始阶段出现不同现象的原因为：细砂本身就含有10%的<0.075 mm的细颗粒，使其渗透系数不能迅速地增大到最大值，而是在渗透压差的作用下逐渐增大；而对于粗砂砂样来说，颗粒组成中没有小于0.075 mm的细颗粒存在，所以试验开始阶段，在渗透压差的作用下，渗透系数可以迅速增大到最大值。

两种砂样的渗透系数在试验的最终阶段都会逐级减小，是由于在较大的围压条件下，颗粒被挤密甚至压碎，使得砂样中的细颗粒含量增多，最终导致两种砂样的渗透系数都逐渐降低。

4.5.3　相同渗透水力梯度、不同围压下渗透系数的变化

4.5.3.1　不同试样加载至某一围压

粗砂和细砂在不同围压、相同压差条件下，渗透系数与围压的关系曲线如图4-12所示。可以发现，无论是粗砂还是细砂试样，在高围压条件下，围压对

渗透系数的影响较大，表现为随围压的增大渗透系数逐渐降低。还可以发现，围压为 1 MPa 时，粗砂的渗透系数明显高于细砂的渗透系数；但高于 1 MPa 后，粗砂渗透系数逐渐降低，并小于细砂的渗透系数。

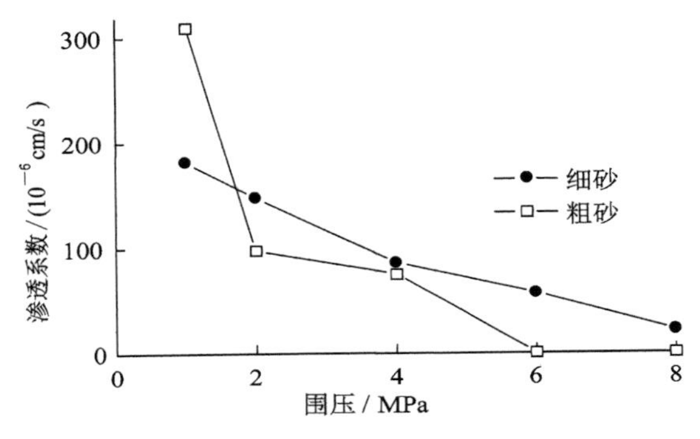

图 4-12　渗透系数与围压的关系曲线

由于对试样施加荷载作用而使得试样所受的应力场发生改变，进而导致试样的孔隙和内部结构发生改变，从而使其渗透系数发生改变。这里采用指数函数来表示围压与渗透系数的关系：

$$k = k_0 \exp(-\alpha \sigma_n) \tag{4-4}$$

式中　k_0——初始渗透系数；

α——系数；

σ_n——有效围压。

根据上述试验数据以及关系式可以得到图 4-13 所示的拟合曲线和拟合方程。

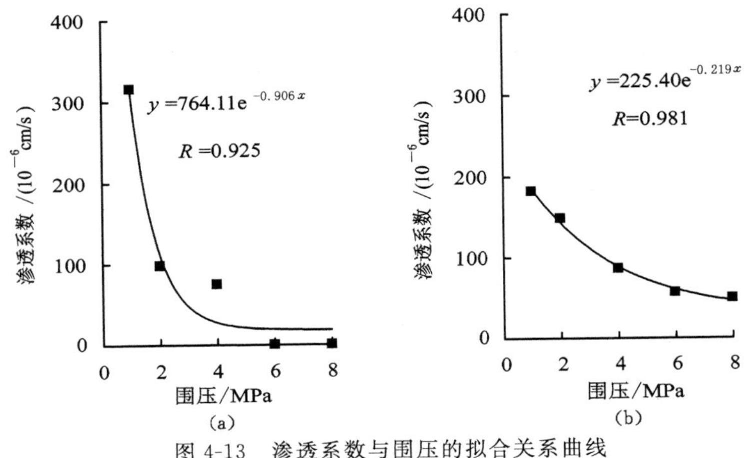

图 4-13　渗透系数与围压的拟合关系曲线

4.5.3.2 设定渗透水力梯度，同一个试样逐级增加与卸载围压

对粗砂和细砂在设定 100 kPa 的渗透压差下进行加载和卸载的渗透试验，可以得到粗砂和细砂的实际压差与实际水力梯度，如表 4-8 所示，加载卸载渗透曲线如图 4-14 所示。

表 4-8 砂样加、卸载过程中渗透系数与水力梯度的关系

围压/MPa	粗砂				细砂			
	加载水力梯度	加载渗透系数/(10^{-6}cm/s)	卸载水力梯度	卸载渗透系数/(10^{-6}cm/s)	加载水力梯度	加载渗透系数/(10^{-6}cm/s)	卸载水力梯度	卸载渗透系数/(10^{-6}cm/s)
0.1	14.88	193.64	22.63	141.16	18.50	137.17	50.50	53.05
0.2	16.75	122.84	26.00	118.06	22.83	121.12	55.38	43.46
0.4	20.88	133.91	45.25	63.02	27.88	99.37	72.88	23.51
0.6	21.88	125.72	50.88	55.90	27.88	98.58	84.63	17.40
0.8	22.63	123.45	47.13	62.63	28.00	98.97	91.88	13.12
1.0	25.88	107.12	46.00	64.43	29.13	95.66	93.75	11.74
2.0	27.75	90.06	40.50	72.23	37.63	74.52	102.13	8.06
4.0	35.00	71.66	91.38	15.93	53.75	50.04	106.13	6.23
6.0	121.88	1.37	120.38	0.47	59.50	35.99	108.25	5.71
8.0	121.25	0.40	121.00	0.18	85.13	19.53	108.38	5.58

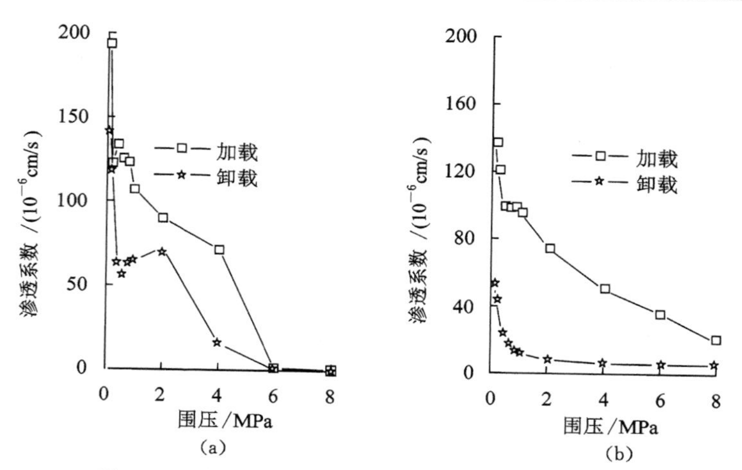

图 4-14 砂样在同一设定压差下加载卸载渗透曲线

(a) 粗砂；(b) 细砂

由表4-8可以发现，虽然砂样设定的压差均为100 kPa，但由于围压的不同，其所达到的实际压差与水力梯度也各不相同。但有一定的规律可循，即围压增大时，实际压差与实际水力梯度增大；围压降低时，实际压差与实际水力梯度也会降低。

由图4-14可以发现，围压从0.1 MPa增大到8 MPa时，渗透系数随围压的增大逐渐减小；当围压加载到8 MPa后再逐级卸载到0.1 MPa时，渗透系数又随围压的减小而增大，但渗透系数却不能恢复到原来的值。其原因为随着围压的增大，砂样发生了体缩变形，其中一部分是可以恢复的，它主要是由于颗粒之间的孔隙体积变化造成的，压力增大孔隙压缩，压力减小孔隙恢复；另一部分是不可恢复的，它是由于颗粒破碎造成的，从而使得在相同围压下卸载的渗透系数较加载的渗透系数偏低。

由图4-14可以看出，粗砂和细砂所表现出来的渗透规律基本一致，但在卸载的条件下，粗砂和细砂渗透系数的恢复程度却不一致。可以计算出不同围压条件下渗透系数的恢复比：$R=k_{卸}/k_{加}$，见表4-9所列。可见，粗砂的渗透系数恢复比$R_{粗}$较细砂的渗透系数恢复比$R_{细}$大，即$R_{粗}>R_{细}$。同时，粗砂和细砂在小围压条件下的渗透系数恢复比较大围压条件下的大。

表4-9　加载、卸载渗透系数恢复比$R(k_{卸}/k_{加})$

粗砂		细砂	
围压/MPa	恢复比R	围压/MPa	恢复比R
0.1	0.73	0.1	0.39
0.2	0.96	0.2	0.36
0.4	0.47	0.4	0.24
0.6	0.45	0.6	0.18
0.8	0.51	0.8	0.13
1.0	0.60	1.0	0.12
2.0	0.80	2.0	0.11
4.0	0.22	4.0	0.12
6.0	0.34	6.0	0.16
8.0	0.46	8.0	0.29

4.5.4 围压相同,逐级变化渗透水力梯度下渗透系数的变化

对粗砂施加 2 MPa 的围压,对细砂施加 1 MPa 的围压,同时保持其围压不变,分析相同围压下粗砂与细砂的渗透系数与实际渗透水力梯度的数据,可以得到在实际水力梯度小于 50(实际压差为 72.5 kPa)的范围内渗透系数与渗透水力梯度的关系曲线。图 4-15 是砂样的渗透系数与实际水力梯度的关系,图中表明,实际渗透水力梯度的增大都会导致渗透系数的逐渐增大。

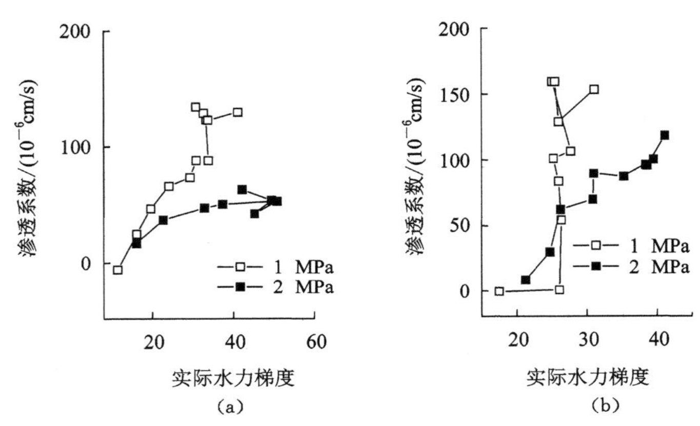

图 4-15 砂样渗透系数与实际水力梯度的关系

(a) 细砂;(b) 粗砂

4.6 渗透性变化机理分析

4.6.1 不同加载方式对渗透系数的影响

对粗砂逐级加载和直接加载的渗透系数对比数据如表 4-10 所列。可见,当围压大于 1 MPa 时,粗砂逐级加载后的渗透系数明显大于直接加载条件下的渗透系数,说明低围压对砂土的渗透性影响不大,但在较高围压的条件下,周围压力施加的作用时间越长,砂土的渗透系数越小,其原因是在围压逐级加载的过程中,在较小的围压下,压缩稳定时,试样已经形成了在该级围压下的结构强度,则在施加下一级围压时,首先要消耗一定的能量,使前一级围压下所形成的结构强度破坏后,土骨架才会在下一级围压下挤密,故而其压密程度相对一次加载来说要小,造成其渗透系数较直接加载时要大。

表 4-10　　粗砂逐级加载与直接加载渗透系数对比数据

围压/MPa	1 号粗砂逐渐加载 /(10^{-6} cm/s)	4 号粗砂逐渐加载 /(10^{-6} cm/s)	不同粗砂样直接加载 /(10^{-6} cm/s)
1.0	141.95	292.88	315.190
2.0	132.30	279.53	98.180
4.0	81.83	260.73	75.390
6.0	1.65	1.91	0.200
8.0	0.51	0.48	0.003

对粗砂样来说，无论是单一砂样直接加载还是逐级加载的渗透试验，当围压施加到接近 6 MPa 时，渗透系数的降低较为明显，在完成的 6 组实验中，有的砂样在 6～8 MPa 围压下，渗透系数甚至达到 10^{-6}～10^{-7} cm/s。

4.6.2　试样体积变化

砂土在高围压下渗透系数减小的主要原因之一是围压作用使其孔隙被压缩，土骨架闭合，试样本身的体积发生改变，而试样体积变化反映在渗透过程中为进水体积与出水体积的变化。

图 4-16 为粗砂在渗透过程中试样总的进水量，即每 10 s 的进水量与出水量之差的累积进水量。由曲线图可以发现，图中 4 条曲线大体变化趋势是一致的，但不同围压下的累积总进水量却不同，围压较小时，累积进水量较大，围压较大时，累积进水量较小。围压越大，砂样的累积进水量达到平稳所用时间越短，渗透期间的总进水量波动也越小。可以理解为砂样在渗透过程中随着围压的施加，砂样发生了体缩，并且围压越大，体缩越明显，表现为累积进水量越小。

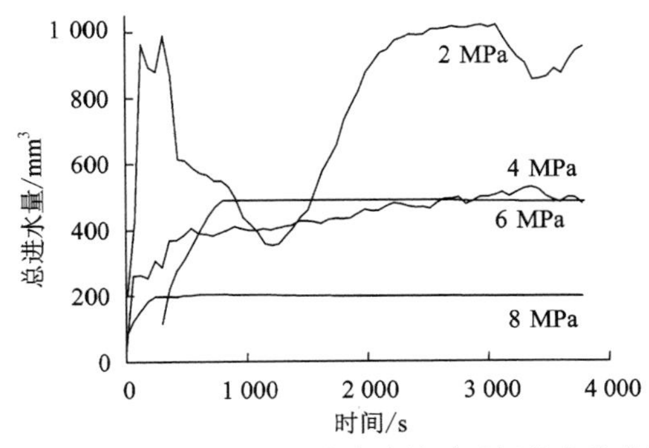

图 4-16　不同围压下累积进水总量随时间的变化曲线

4.6.3 试验前后试样粒度成分变化分析

为了进一步探究在高围压下砂土渗透性的变化原因与颗粒破碎有关，对高压渗透试验后的所有砂样进行了粒度成分分析，并利用某一粒组的质量变化率来表示粒度成分的变化：

$$A=\frac{m_{ta}-m_{tb}}{m_{tb}} \tag{4-5}$$

式中 A——颗粒质量变化的比率；

m_{ta}——试验后某粒径范围颗粒质量；

m_{tb}——试验前某粒径范围颗粒质量。

根据计算结果绘制出图 4-17，纵坐标代表质量变化率 A，当 $A>0$ 时，表明试验过程中此种粒径的颗粒含量逐渐增多，当 $A<0$ 时，表明在渗透试验过程中此种粒径的颗粒被磨碎，含量逐渐减小；而横坐标代表试样编号。

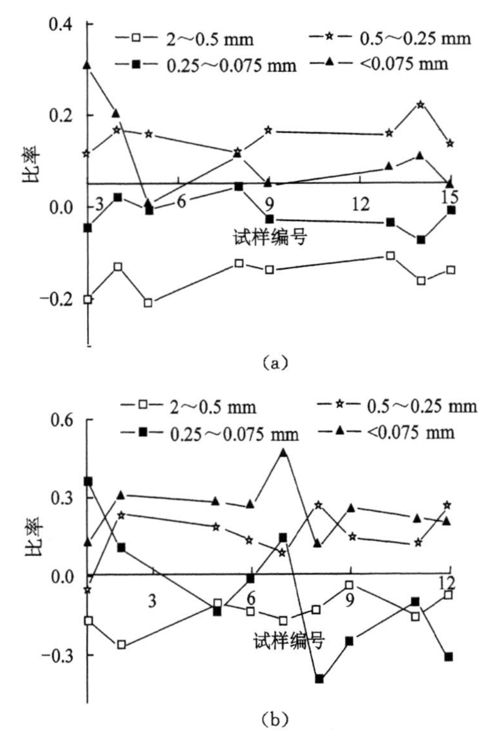

图 4-17 砂土高压渗透试验前后各粒径土颗粒的质量变化率

(a) 细砂；(b) 粗砂

由于粗砂试验前小于0.075 mm的颗粒含量为0，所以对粗砂小于0.075 mm的A为试验后的质量除以10。从图4-17可以发现，无论是粗砂还是细砂，试验后2～0.5 mm颗粒的质量是减小的，其中粗砂平均减小了14%，细砂平均减小了15%；而小于0.075 mm的颗粒质量增加的较为明显，其中粗砂平均增加了25%，细砂平均增加了11%。而0.5～0.25 mm与0.25～0.075 mm颗粒质量变化相对较小，平均增加或是减小了1%左右。说明在高压渗透过程中最容易被压碎的为粒径最大的颗粒。

对照A.Hazen[121]提出的土的渗透系数经验公式：$k=Cd_{10}^2(C=40\sim150)$可以发现，细砂砂样未加载围压时其小于0.075 mm的颗粒含量即为10%，高围压渗透试验的进行使得小颗粒的含量逐渐增大，d_{10}也逐渐减小，所以渗透系数也逐渐减小；粗砂渗透系数与围压的关系也是如此。

4.7 本章小结

本章采用GDS静态高压三轴试验系统，通过对砂样在围压条件下的渗透试验，获得了土样在不同围压、不同渗透水力梯度的渗透系数变化特点，主要认识如下：

(1) 粗砂和细砂在高围压条件下，渗透系数均会随围压的增大而减小；粗砂的渗透系数在一定围压范围内(如本次试验中不超过1 MPa时)高于细砂的渗透系数，围压增大后，粗砂渗透系数逐渐降低，并小于细砂的渗透系数。

(2) 同一围压不同渗透水力梯度的砂样渗透试验结果表明，在实际渗透水力梯度小于50时，渗透系数会随水力梯度的增大而逐渐增大。

(3) 同一砂样加载—卸载的渗透试验结果表明，在加载过程中，渗透系数随着围压的增大逐渐减小，卸载阶段渗透系数又逐渐增大；并且卸载后的渗透系数很难恢复到加载时的渗透系数，加载—卸载渗透系数的恢复比总小于1，且在小围压下，恢复比的数值比较大。

(4) 对同一砂样，逐级加载至某一围压后的渗透系数明显高于平行砂样一次加载至某一相同围压后所得到的渗透系数。

(5) 渗透过程中试样的体积变化和渗透试验前、后的粒度成分变化表明，高围压作用一方面使得砂土试样中的孔隙被压密，试样发生了体缩；另一方面使砂样中的某些大颗粒被压碎成小颗粒，导致砂土的颗粒级配改变；两者共同作用，使得高围压下砂土的渗透系数降低。

5 化学注浆固砂体高压渗透性研究

5.1 研究思路

在对砂土获得基本物理力学参数特别是高压渗透特性的基础上，为研究砂层距离注浆孔不同距离，含不同浓度化学浆液固砂体的抗渗性，首先要获得满足高压渗透试验的化学浆液注浆固结砂试样。我们通过模型试验获得半胶结砂岩注浆模型试样，对其进行高压渗透试验，由于取得的试样很难完全满足GDS 静态高压三轴渗透仪器对试样的要求，试验数量与试验结果没能阐明其高压渗透的规律性。为获得直接满足三轴试验的化学注浆固砂体试样，我们研制了“气压控制式化学注浆固砂体试样制备装置”，但由于该装置实际注浆过程中，难以精确计算出进入砂中的浆液量，为获得不同充填程度化学浆液固砂体的渗透特征，采用模具配置的方法获得含不同浓度化学浆液固砂体试样。

试样类型如图 5-1 所示，包括三种，分别采取不同的试样制备手段，针对三种不同的试验目的，对三种固砂体进行高压三轴渗透试验。

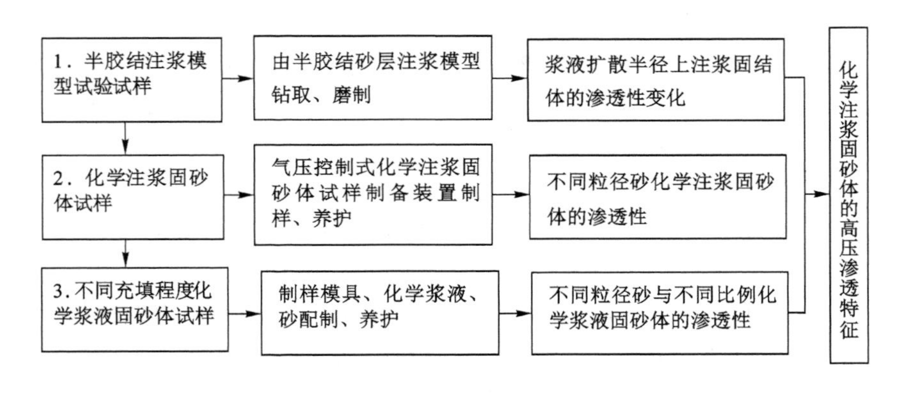

图 5-1 化学注浆固砂体高压渗透性研究路线

5.2　半胶结砂岩注浆模型试样高压渗透性

5.2.1　试样取样与制备

5.2.1.1　模型注浆前高压三轴渗透试样

模型注浆前，将模型试验砂层 A 与砂层 B 土样按 A 层质量密度 $\rho=1.94$ g/cm^3，B 层 $\rho=1.67$ g/cm^3，体积 $V=96$ cm^3 计算出所需土样质量，分 10 层装入内径 39.1 mm、高 80 mm 的饱和器中，每层 10 击，置于密封干燥皿中固结养护，待固结时间与模型装样至注浆时间相同时开始试验。

5.2.1.2　模型注浆后高压三轴渗透试样

(1) 模型取样设计与实施

注浆试验完成过后，待浆液完全固结 7 d 后，拆除模型框架，对模型两层半胶结砂取样，上部 B 层颗粒较细取样进行三轴高压渗透，下部 A 层颗粒较粗，三轴试验难以实现，取样进行常规渗透试验。取样用钻孔取样机沿模型圆柱半径从中间向边缘依次钻样，见图 5-2 所示。

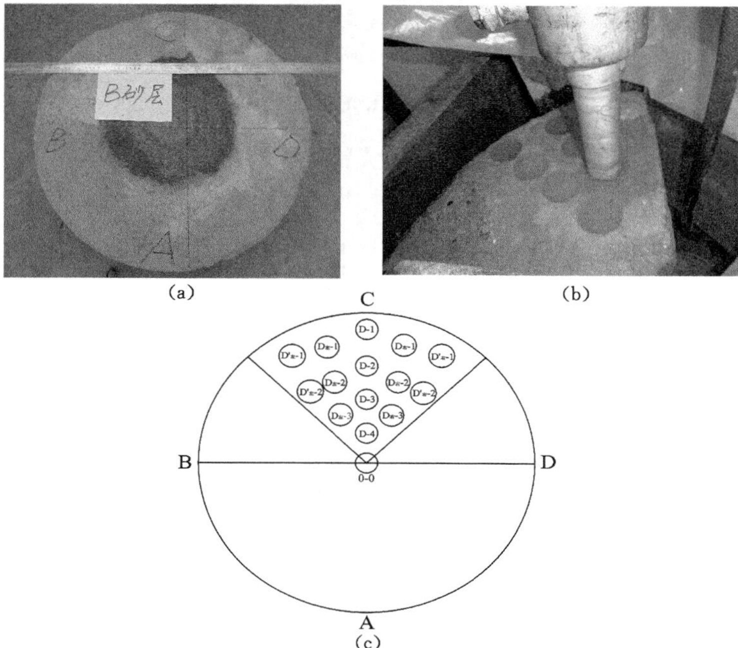

图 5-2　模型取样位置与取样

(a) 模型 B 层；(b) 钻孔取样机取样方式；(c) 取样位置

（2）试样加工制备

将模型中钻孔取得的试样，切割、打磨、表面蜡封光滑，处理成满足高压三轴仪的试样规格。

5.2.1.3　模型试验试样与试验方案

制备的模型注浆前后试样数量与试验方案见表 5-1。

表 5-1　模型试验试样与试验方案

试样类型	数量	注浆前试验方案 注浆后试验方案	三轴渗透试验	
			常规南 55 渗透试验	三轴渗透试验
B层	12	2		12
A层	12	2	12	

5.2.2　试验结果分析

5.2.2.1　注浆前试验结果

（1）注浆前 A 砂层试验

对 5.2.1.1 所制模型注浆前砂层 A 砂样进行渗透试验，分别设定在围压 400 kPa 下渗透压差为 50 kPa、100 kPa、200 kPa，围压 1 000 kPa 下渗透压差为 50 kPa、100 kPa、200 kPa、400 kPa、600 kPa，围压 2 000 kPa 下渗透压差 50 kPa、100 kPa、200 kPa、400 kPa。试验结果如图 5-3 所示，可见不同围压下渗透系数随渗透压差增大而增大。

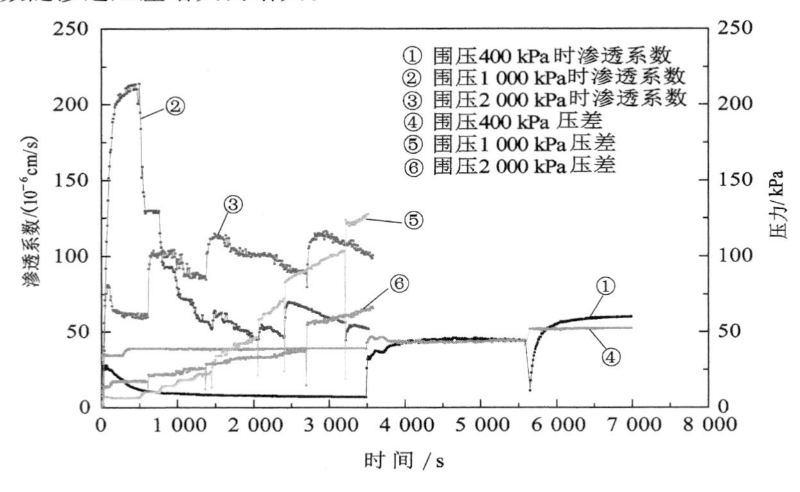

图 5-3　模型注浆前砂层 A 渗透曲线

如表 5-2 所示为砂层 A 在设定渗透压差一定时，渗透系数随不同围压变化的情况，可见砂层 A 注浆前的渗透系数随围压增加而增加，同一围压下，渗透压差越大，渗透系数也越大。

表 5-2　　**砂层 A 的渗透系数**

设定压差/kPa	显示压差/kPa	设定围压/kPa	渗透系数 $K/(10^{-6}\text{cm/s})$
50	32	400	6.284
	23.6	1 000	52.735
	17.1	2 000	61.356
100	44.3	400	43.909
	46.1	1 000	45.102
	25.9	2 000	85.888
200	52.2	400	60.049
	71.9	1 000	46.158
	37.6	2 000	88.650
400	102.9	1 000	56.275
	65.4	2 000	100.390

由表 5-2 还可以看出，设定渗透压差一定，渗透系数随设定围压增大而增大；同一级渗透压差，围压越大渗透系数也越大。围压增幅相同条件下，渗透压差愈大渗透系数亦愈大。

分析原因可能是由于砂层 A 颗粒粗大，孔隙间距大，围压小于 2 000 kPa 范围内因压力增大使水流通过能力加快，造成渗透系数增大。

(2) 注浆前 B 砂层试验

对 5.2.1.1 所制模型注浆前砂层 B，设定渗透压差 200 kPa，围压由 1 000 kPa、2 000 kPa、4 000 kPa、8 000 kPa 变化，试验结果见表 5-3 与图 5-4。可见，渗透系数随围压增大而减小，反映出粗砂岩中渗透系数的变化规律与细砂、粗砂一致。

表 5-3　　**砂层 B 的渗透系数**

设定压差/kPa	显示压差/kPa	设定围压/kPa	渗透系数 $K/(10^{-6}\text{cm/s})$
200	10.2	1 000	322.117
200	10.5	2 000	317.492

续表 5-3

设定压差/kPa	显示压差/kPa	设定围压/kPa	渗透系数 K/(10^{-6}cm/s)
200	14.6	4 000	235.735
200	18.4	8 000	202.787

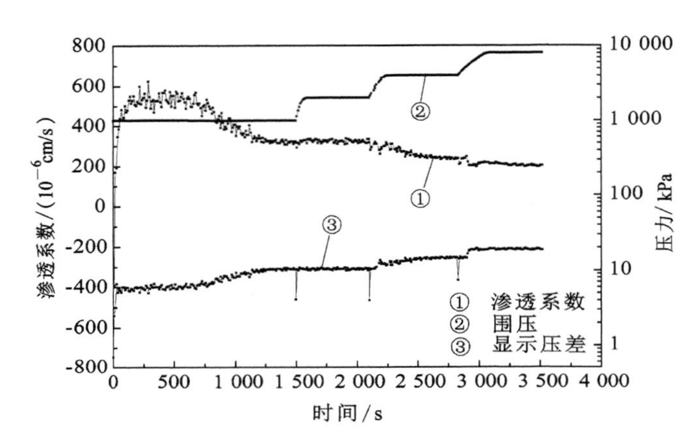

图 5-4 模型注浆前砂层 B 渗透曲线

5.2.2.2 注浆后试验结果

对 4.6.2 节制备的试样进行三轴渗透试验。由于试样表面粗糙，试验前对试样进行外表面蜡封光滑处理。B 层注浆试样试验结果见表 5-4。

表 5-4 模型注浆后砂层 B 设定压差 50 kPa 不同围压下的渗透系数

样号	不同围压下的渗透系数 K/(10^{-6}cm/s)					
	200 kPa	400 kPa	1 000 kPa	2 000 kPa	4 000 kPa	8 000 kPa
D-1	41.206	32.486	15.337	7.823		
D-3	40.206	34.544	19.019	18.029	15.876	15.041
D-4	72.869	76.089	99.008	79.996	72.029	42.810

由表 5-4 可知，压差一定，渗透系数随围压增大而减小，自模型中部注浆孔向外至模型边缘依次取样，呈现出中间愈靠近注浆孔渗透系数愈大，愈远离注浆孔渗透系数愈小的异常现象，分析原因为：① 浆液扩散很不均匀，沿取样半径上中间注浆压力大浆液向外扩散很快，边界由于有限边界效应造成外部浆液富集；② 由于浆液从底部通过周围缝隙直接向上部流动同时向模型边缘

砂层渗透，造成模型外部砂层含浆液比例高；③ 由于蜡封光滑处理可能造成试样内孔隙改变。对试样 D-2 与 D 左-1 的渗透试验表明，在这些位置注浆后的砂层含浆液较多。试样 D-2 围压 400 kPa、压差 100～400 kPa 时渗透系数为 0.004×10^{-6}～0.016×10^{-6} cm/s。试样 D 左-1 压差 1 500 kPa、围压 2 000～8 000 kPa 时渗透系数为 0.043×10^{-6}～0.65×10^{-6} cm/s。

模型注浆后砂层 A 取样后进行常规变水头渗透，获得渗透系数见表 5-5。可见，渗透系数自中间向边缘、自下向上逐渐增大。

表 5-5 砂层 A 的常水头渗透试验

土样号	渗透系数 $K/(10^{-6}$cm/s)	土样号	渗透系数 $K/(10^{-6}$cm/s)
外 1	7.40	中 3	0.097
外 2	17.2	中 4	1.50
外 3	3.99	里 1	0.24
外 4	0.82	里 2	0.53
中 1	0.94	里 3	0.026
中 2	2.25		

比较模型注浆后砂层 A 与砂层 B 可知，注浆后砂层 A 的渗透系数小于模型注浆后砂层 B 的渗透系数，即反映出模型下部渗透系数小于模型上部渗透系数。

比较模型注浆前后砂层 A 与砂层 B 的渗透系数可知，注浆后砂层 A 的渗透系数小于注浆前砂层 A 的渗透系数 1～3 个数量级；注浆后砂层 B 的渗透系数小于注浆前砂层 B 的渗透系数 1～2 个数量级。

5.2.3 试验存在问题与解决思路

由于模型注浆过程控制不够精密，以及砂层的颗粒状，钻头取出试样，表面凹凸不平，为了满足三轴仪器对试样密封的要求，对试样表面蜡封光滑处理，但不排除部分蜡液浸入试样的可能，因此粗砂岩三轴试验结果出现异常。为解决化学注浆体的三轴试样制备问题，我们研制了化学注浆固砂体试样制备装置。

5.3 气压控制式化学注浆固砂体试样制备装置

5.3.1 设计思路与技术方案

气压控制注浆试样制备装置设计思路和技术方案是：空气压缩机通过三相接头与气压注浆罐和注浆制样室（包括试样制样器、气压活塞加压装置、进浆方式转化模板)、注浆管路、控制阀面板等连接,可以同时为砂样和气压注浆罐进行加压。两个气压注浆罐分别装甲、乙浆液,可以进行双液注浆或单液注浆,并在气压注浆罐的下部设置流量控制阀,气压罐顶部安装压力表,通过气缸活塞来对砂样施加压力,而且在注浆制样仪与空气压缩机之间安装压力整定阀,用来调节施加给砂样的压力,从而模拟不同的注浆实验。

5.3.2 组成结构与工作原理

气压控制注浆试样制备装置由气压注浆罐、注浆制样室、注浆管路、控制阀面板组成,见图 5-5 和图 5-6 所示。

工作原理如下:空气压缩机(1)通过一个三相接头(2)分别与气压注浆罐(10)、(11)和注浆试样制样器(8)连接,当打开气压开关控制阀(9)和手动控制阀(6)时,压缩的空气就会推动气缸活塞(4)向下运动,对安装好的试样施加压力,压力的大小可以通过压力阀(5)来调节。保持空气压缩机(1)的压力恒定,达到对土样均匀施加某级压力的目的。当打开气压开关控制阀(9)时,气压会从浆液和气压进口(15)进入气压注浆罐甲(10)和气压注浆罐乙(11),液面显示计(16)显示气压罐中浆液的多少,精密气压表(7)可以显示气压的大小,打开流量控制阀(12)里面的浆液会在压力下顺着高压管流出,通过调整流量控制阀(12)可以控制两种浆液的比例,使得浆液按照要求的比例在开关控制阀(13)处进行混合,打开开关控制阀(13),浆液顺着高压管被压入试样制样器中待注浆的试样中(14),实现试样在受某级垂直荷载下自下而上的注浆。

5.3.3 三轴渗透试验化学注浆固砂体试样制备

5.3.3.1 试验材料

(1) 砂样颗粒级配成分配比

同 4.2 节。

(2) 化学浆液

根据实际工程使用化学浆液比例情况,浆液溶胶类采用双液浆,甲液由 A 液+4%添加剂构成,乙液为酸性固化剂。经过试验对比选择乙液浓度为 2%、甲液/乙液=10∶3 的化学浆液作为试验用浆液,该浆液的初凝时间为 31 min,凝固时间为 37 min。

5.3.3.2 注浆前三轴砂样试样制备

注浆试样制样器由内外两层桶与单体框架组成,内层为三个上薄下厚带锥度的三瓣膜构成,以方便注浆后土样取出;外层为一带上盖和底座的圆桶,其内径与内层三瓣膜的外径密合。内外两层桶的直径根据实验样品要求直径设计(本书实验采用内径为 39.1 mm,高度为 150 mm),内筒三瓣膜用 AB 胶黏结然

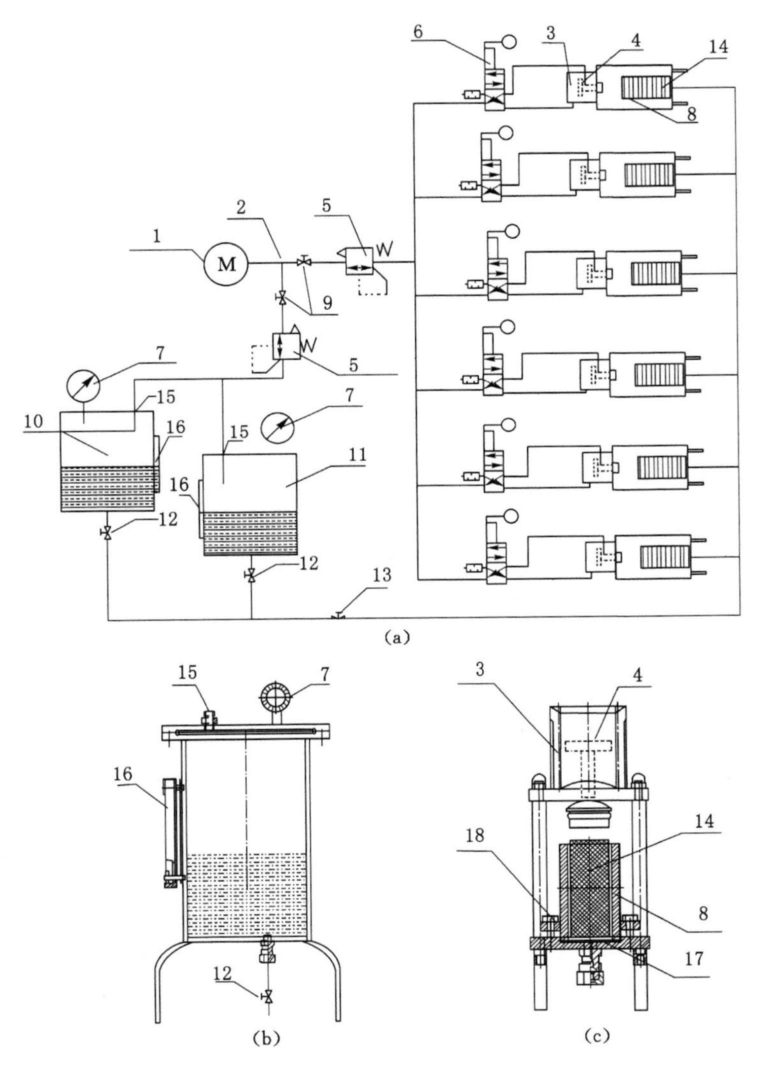

图 5-5 气压控制注浆试样制备装置结构图

(a) 原理图;(b) 浆液缸;(c) 注浆制样室

1——空气压缩机;2——三相接头;3——加压气缸;4——气缸活塞;5——压力整定阀;6——手动控制阀;7——精密气压表;8——注浆试样制样器;9——气压开关控制阀;10——气压注浆罐甲;11——气压注浆罐乙;12——流量控制阀;13——开关控制阀;14——待注浆试样;15——浆液和气压进口;16——液面显示计;17——进浆方式转化模板;18——固定螺母

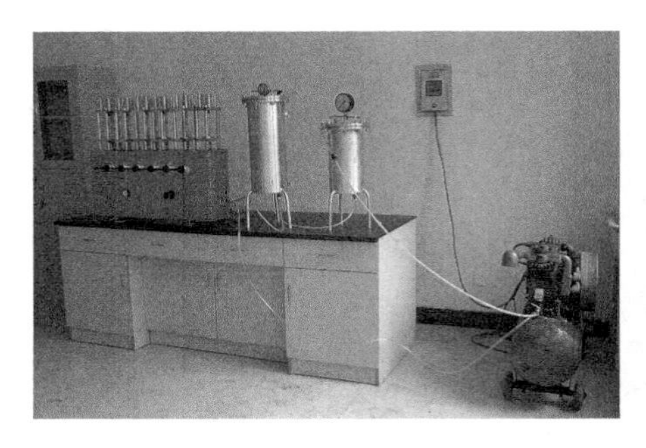
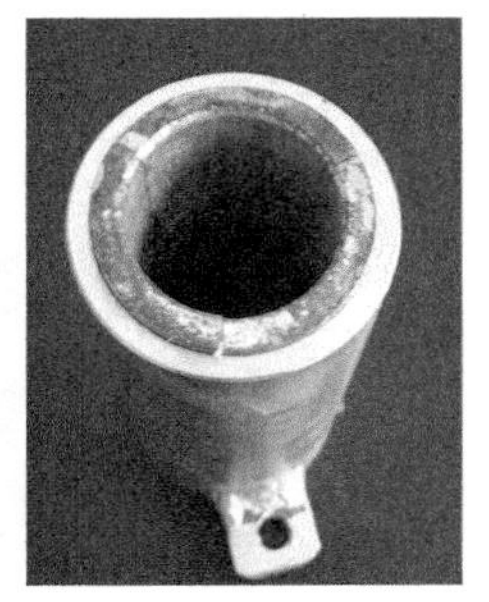

图 5-6　气压控制注浆试样制备装置

后套入外筒，上盖为圆盖。外层底座通过螺丝与单体框架固定，见图 5-7 所示。

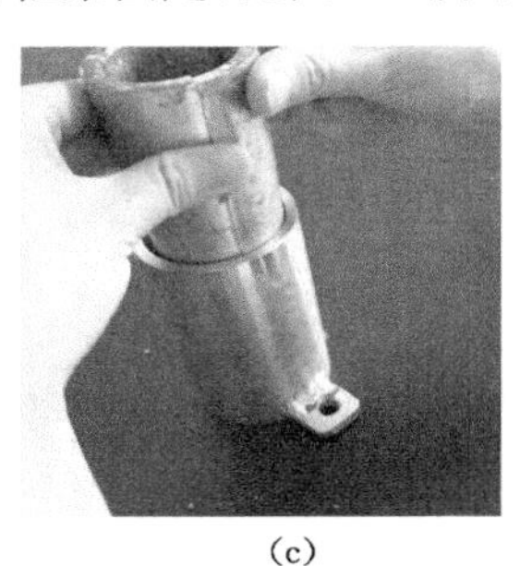

(a)　(b)　(c)

图 5-7　土样制样器

(a) 灌浆制样室框架；(b) 内外两层制样桶；(c) 内筒三瓣膜胶黏后套入外筒

内筒三瓣膜用 AB 胶黏结然后套入外筒称重 m_1，按 4.1.2 三轴渗透试样制备方式制备砂样，见图 5-8(a)所示。量剩余制样筒内筒高度，求得试样高度 H 与试样体积 V，称试样加制样筒重 m_2，试样质量 $=m_2-m_1$，计算出试样密度。

(a)　(b)

图 5-8　三轴渗透试验砂样制备与加压固结

(a) 制成土样；(b) 土样施加气压固结

制备好的砂样试样筒外层底座通过螺丝与单体框架固定，放在气压控制注浆试样制备装置上，打开空气压缩机压力升至1 MPa，开三通阀气压开关控制阀和手动控制阀，将压力通过管路推动气缸活塞向下运动，对安装好的土样施加压力，对土样加压固结，压力保持在0.5 MPa，压缩时间6 h。压力的大小可以通过气压控制注浆试样制备装置上压力阀来调节。保持空气压缩机的压力恒定，就可以对土样均匀施加压力，见图5-8(b)所示。

5.3.3.3　砂样注浆及固结体养护

固结完成后，将4.2配制好的浆液甲液和乙液分别注入注浆罐甲乙中，液面显示计显示气压罐中浆液的液位，注浆罐甲、乙通过高压乳胶管串联。将空气压缩机三通阀开启到与注浆罐相同的状态，气压进入注浆罐，精密气压表可以显示气压的大小。注浆罐里面的浆液会在气压下顺着高压管流出，开关控制阀控制两种浆液的比例。打开土样制样器单体框架下部流量控制阀，浆液顺着高压管被压入土样制样器中待注浆的土样中。实现土样在受0.5 MPa垂直荷载下自下而上的注浆，注浆至浆液充分渗出。注浆后静止30 min，卸压，称注浆后试样与试样筒总重m_3，根据体积和质量计算试样注浆后的密度。将试样与试样筒一起放置于干燥皿中密封养护，养护7 d后取出化学注浆固砂体进行渗透试验。试样化学注浆过程如图5-9所示。

(a)　(b)　(c)　(d)

图5-9　试样化学注浆过程

(a) 注浆管路；(b) 注浆试样；(c) 注浆后卸轴压；(d) 浆液凝固后土样

5.3.4 注浆固结体试样制样数量与试验方案

制备的三轴化学注浆固砂体试样制样数量与试验方案见表 5-6。

表 5-6　化学注浆固砂体试样制样数量与试验方案

注浆体样品类型	数量	试验方案	
		气压控制注浆试样制备装置渗透试验	三轴渗透试验
粗砂注浆体	12	6	6
细砂注浆体	12	6	6
黏土质砾砂注浆体	12	6	6

5.4 化学注浆固砂体高围压渗透性试验结果与分析

对 5.3.3 所制试样分别进行不同围压、不同渗透压差条件下的渗透试验，试验结果反映出围压、渗透压差对于渗透性的影响具有以下特点。

5.4.1 粗砂化学注浆固砂体高压渗透性

5.4.1.1 恒定围压和逐级设定渗透水力梯度下渗透系数随时间的变化

围压一定时，渗透系数随压差的增大而增大。对注浆固砂体 1 号样在围压 1 000 kPa 条件下，渗透压差从 100～800 kPa 逐级变化，渗透试验结果如图 5-10所示。可见，在围压一定情况下，渗透系数随压差的增大而小幅度逐渐增大。

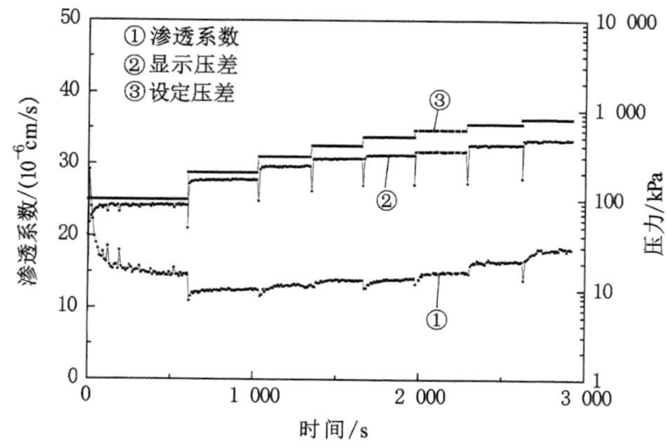

图 5-10　粗砂化学注浆固砂体围压 1 000 kPa 渗透压差逐级增大的渗透曲线

5.4.1.2　相同渗透水力梯度、逐级加卸围压下渗透系数的变化

渗透压差一定时，围压不超过 1 000 kPa 时，渗透系数随围压增大而减小。

① 对 2 号注浆固结砂试样设定渗透压差为 100 kPa，围压逐渐增大。

结果显示，渗透系数随围压增大而逐渐减小，如图 5-11 所示为注浆固砂体 2 号试样先将围压加到 200 kPa，设压差 100 kPa，围压由 200 kPa 增加到 1 000 kPa 的渗透试验试验结果。

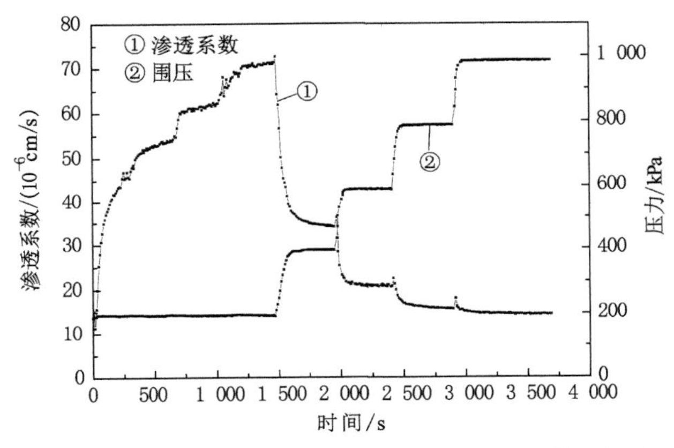

图 5-11　粗砂化学注浆固砂体压差 100 kPa 围压逐级增大的渗透曲线

② 对 2 号注浆固砂体试样设定渗透压差 100 kPa，围压从 1 000 kPa 逐渐减小。

结果显示，渗透系数随围压逐级减小而逐级增大，而且渗透系数回升的幅度在围压越小时，幅度越大；同时显示压差也随围压降低而降低。如图 5-12 所示为粗砂化学注浆固砂体 2 号试样的试验结果。

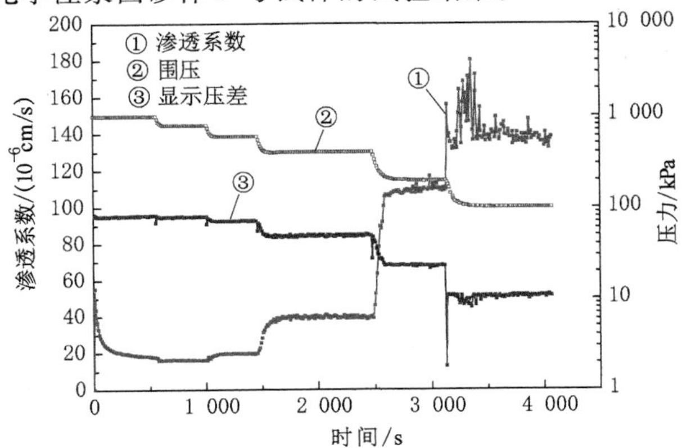

图 5-12　粗砂化学注浆固砂体压差 100 kPa 围压逐级减小的渗透曲线

图 5-13 为粗砂化学注浆固砂体 2 号试样设定压差 100 kPa 加载卸载围压渗透试验曲线。

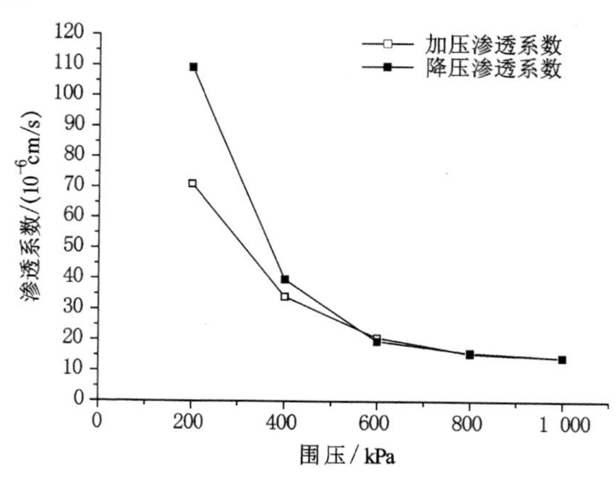

图 5-13 粗砂化学注浆固砂体压差 100 kPa 下渗透系数随围压的变化

5.4.1.3 围压超过 2 000 kPa 时渗透系数的变化

当围压为大于 2 000 kPa 的高围压下，渗透压差一定时，渗透系数随围压增大而逐渐增大；同一围压下，渗透系数随压差增大而增大。

粗砂化学注浆固砂体 2 号样、3 号样进行高围压下渗透试验，如表 5-7 所示。

表 5-7 粗砂化学注浆固砂体高围压下渗透试验结果

样号	围压/kPa	设定压差/kPa	渗透系数 $K/(10^{-6}\mathrm{cm/s})$
注浆体 2 号样	4 000	1 000	17.083
	4 000	1 500	28.554
	8 000	1 000	22.998
	4 000	1 000	39.136
	8 000	1 000	48.919
	8 000	500	120.211
注浆体 3 号样	8 000	1 000	11.465

对粗砂化学注浆固砂体 2 号样进行围压 4 000 kPa、8 000 kPa 的渗透试验。结果显示，围压 4 000 kPa 时，压差由 1 000 kPa 到 1 500 kPa，渗透系数增加。压差 1 000 kPa 时，围压由 8 000 kPa 降到 4 000 kPa 时，渗透系数增

加。再继续进行围压 8 000 kPa,压差减小试验时,显示渗透系数随压差减小而增加的现象,推断此时试样中出现压裂。

对注浆固砂体 3 号样进行围压 8 000 kPa、压差 1 000 kPa 的渗透试验表明,其渗透系数为 11.465×10^{-6} cm/s,进一步说明了此时高围压下的渗透系数小于低围压下的渗透系数。

5.4.1.4　相同渗透水力梯度,不同围压加载方式对渗透系数的影响

压差一定时,将围压设定为目标值,围压逐步施加到样品上,施加围压过程中和施加围压以后,施加渗透压差进行渗透试验,这时获得的渗透系数,要小于先将围压加至目标围压时试验得到的渗透系数,如表 5-8 所列。

表 5-8　粗砂化学注浆固砂体压差 100 kPa 不同加围压方式对渗透系数的影响

目标围压/kPa	直接设定后试验/(10^{-6}cm/s)	先加载至目标围压稳定后开始试验/(10^{-6}cm/s)
200	71.072	121.773
400	34.147	46.936
600	20.785	28.393
800	15.581	19.026
1000	14.316	16.092

例如,对粗砂化学注浆固砂体 2 号样首先围压加到 200 kPa,围压稳定在 200 kPa,压差 20～100 kPa 逐级加大,结果表明,渗透系数随压差增大而增大;再对注浆砂 2 号样首先围压加到 400 kPa,再设定围压 400 kPa,压差 40～200 kPa 逐级加大,结果也表明,渗透系数随压差增大而增大。具体见表 5-9 所示。

表 5-9　粗砂化学注浆固砂体同级压差不同围压渗透系数

设定压差/kPa	围压 200 kPa	围压 400 kPa
40	168.443	46.253
60	219.917	48.059
80	194.462	51.100
100	214.16	57.215

从表 5-8 和表 5-9 还可以看出,同样渗透压差条件下,围压增大到 400

kPa 时的渗透系数比围压 200 kPa 时的渗透系数小，其他数据对比也表明，随着围压的增大，渗透系数减小。

5.4.2 细砂化学注浆固砂体高压渗透性

对细砂化学注浆固砂体样的渗透试验，表现出与上述粗砂化学注浆固砂体渗透试验类似的规律，具体表现为以下几点。

5.4.2.1 相同渗透水力梯度、渗透系数随加载围压下的变化

围压比较小时(不超过 1 000 kPa)，渗透压差一定条件下，渗透系数随着围压增大呈现出增大的趋势。如图 5-14 所示为细砂化学注浆固砂体 1 号试样的试验结果，图 5-15 为注浆细砂 1 号试样、2 号试样的渗透系数呈现随着围压增大而增大的趋势。

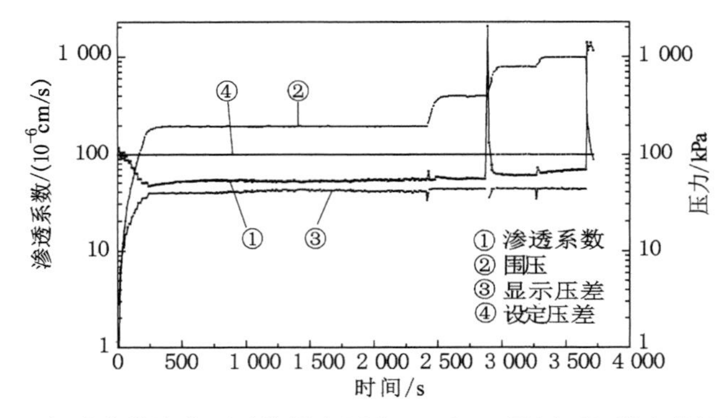

图 5-14 细砂化学注浆固砂体设定压差 100 kPa、围压逐级增大的渗透曲线

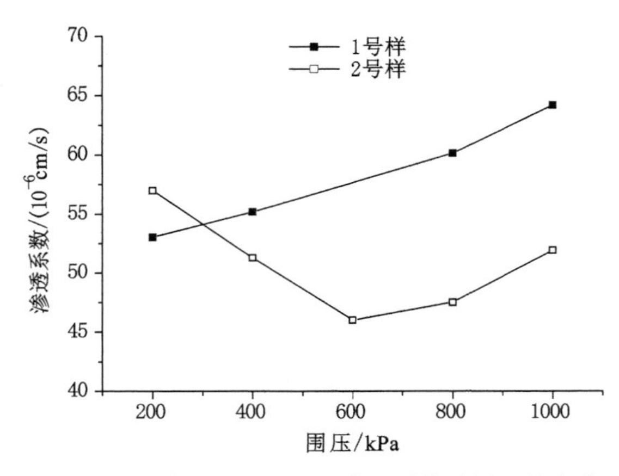

图 5-15 设定压差 100 kPa 渗透系数随围压的变化

5.4.2.2 恒定围压，渗透系数随渗透水力梯度减小变化

当围压不超过 1 000 kPa 条件下，渗透系数随着渗透压差的减小而减小。如图 5-16 为注浆砂 2 号试样围压 200 kPa，设定压差由 100 kPa 逐级减小到 20 kPa 的试验结果。

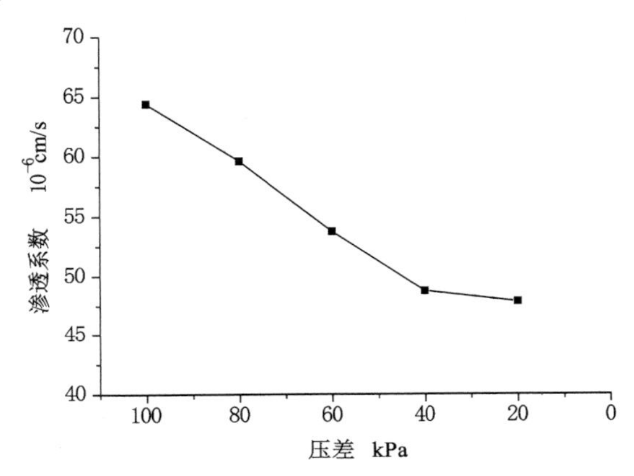

图 5-16 设定围压 200 kPa、渗透压差逐级减小时的渗透系数

5.4.2.3 围压超过 2 000 kPa 时渗透系数的变化

高围压条件下，渗透系数随着渗透压差的增大而呈现增大趋势。如图 5-17所示为细砂化学注浆固砂体 1、2 和 3 号试样，在围压 2 000 kPa 条件下，不同渗透压差下的渗透系数。

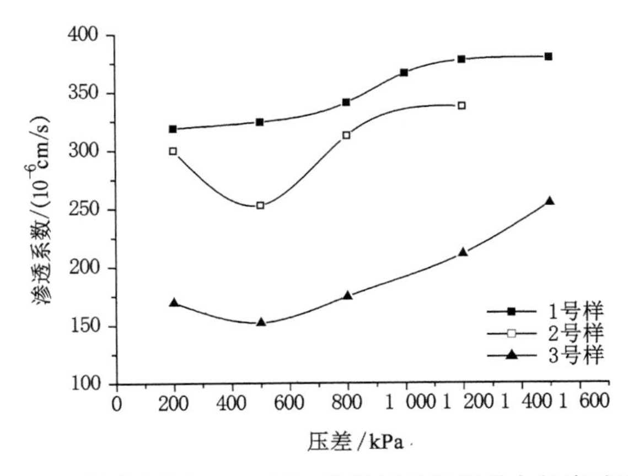

图 5-17 设定围压 2 000 kPa、设定压差逐级增大的渗透系数

5.4.2.4　相同渗透水力梯度，不同围压加载方式对渗透系数的影响

当渗透压差一定时，将围压设定为目标值，围压逐步施加，同时施加渗透压差进行渗透试验，这时获得的渗透系数要小于先将围压加至目标围压时试验得到的渗透系数，与粗砂化学注浆固砂体渗透试验类似。1～3 号细砂化学注浆固砂体试样的试验结果见表 5-10 所示。

表 5-10　细砂化学注浆固砂体不同围压加载方式对渗透系数的影响(10^{-6} cm/s)

设定压差/kPa	直接设定围压 2 000 kPa 后试验			先加载至围压 2 000 kPa，稳定后试验 K		
	1 号样	2 号样	3 号样	1 号样	2 号样	3 号样
200	123.531	79.479	83.478	319	299.986	169.678
500		114.206	118.393	324.306	253.035	152.332
800	176.288	117.834	128.128	340.613	312.385	174.563
1000			151.456	366.07	337.394	211.012
1200			177.51	377.159		254.767
1500				379.193		

高围压下渗透系数见表 5-11 与表 5-12。

表 5-11 为设定目标围压后，围压边增加渗透边进行，直到围压达到目标围压的试验条件下获得的渗透系数，表 5-12 为先施加到目标围压再进行渗透试验的结果。比较表 5-11 和表 5-12 得出结论：围压相同、渗透压差相同条件下，直接设定后目标围压后试验获得的渗透系数小于先加载至目标围压稳定后开始试验获得的渗透系数。

表 5-11　细砂化学注浆固砂体设定围压后边增加围压边渗透结果(10^{-6} cm/s)

围压/kPa	1 000				2 000				4 000			
设定压差/kPa	200	400	600	800	200	500	800	1 200	500	800	1 200	1 500
1	93.6				123.5		176.3			378.7	575.1	
1											423.4	541.3
2	52.6	81.2	86.4	85.2								
2					79.5	114.0	117.8	191				
3					83.5	118.4	128.1	151.5				
3									224.0	322.2	402.5	

表 5-12 细砂化学注浆固砂体先施加到目标围压再进行渗透结果(10^{-6} cm/s)

围压/kPa	1 000				2 000				4 000			
设定压差/kPa	200	400	600	800	200	500	800	1 200	500	800	1 200	1 500
1					319	324.3	340.6	377.2				
1									334.8	392.9	504.9	692.6
2	121.3	120.6	132.3	143.9	149.0	162.6						
2					299.9	253.0	312.4	337.4				
3					169.7	152.3	174.6	211.0				
3									317.8	490.4	626.7	

5.4.3 黏土质砾砂化学注浆固砂体高压渗透性

对 5.3.3 节所制黏土质砾砂化学注浆固砂体进行的渗透试验结果如下。

(1) 恒定围压,渗透系数随渗透水力梯度增加变化

围压一定时,渗透系数随渗透压差的增大而增大,如图 5-18 所示。

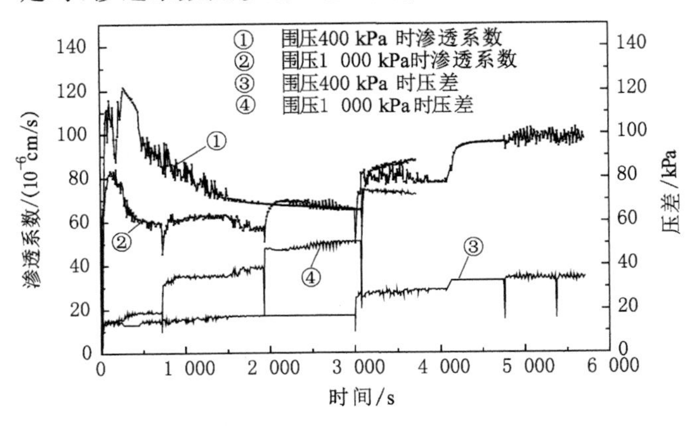

图 5-18 黏土质砾砂化学注浆固砂体渗透系数与渗透压差关系

(2) 相同渗透水力梯度、渗透系数随加载围压下的变化

围压逐级增大时渗透系数逐级减小,如图 5-19 所示。

高围压下的渗透系数低于低围压下的渗透系数,如图 5-20 所示。

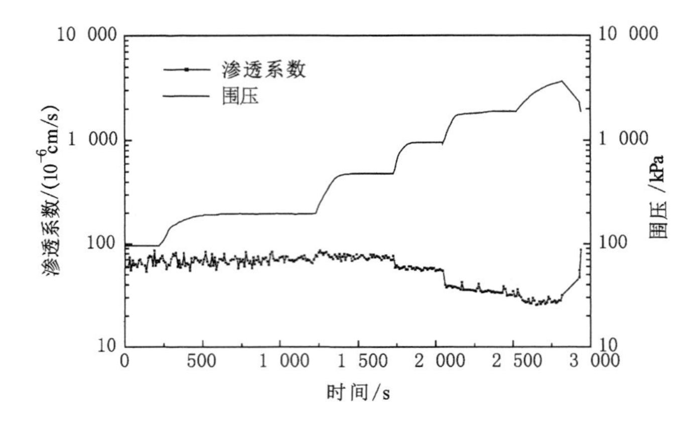

图 5-19　黏土质砾砂化学注浆固砂体围压与渗透系数关系

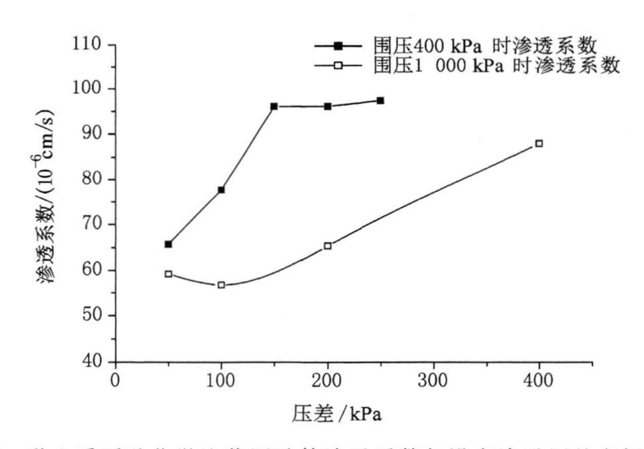

图 5-20　黏土质砾砂化学注浆固砂体渗透系数与设定渗透压差之间的关系

5.5　不同充填程度化学浆液固砂体高压渗透性研究

5.5.1　研究思路

实际注浆工程中，距注浆孔不同位置的砂层化学注浆后充填浆液量不同，因而渗透性亦不同。实验室内要研究不同充填程度化学注浆固砂体的高压渗透性变化，首先要制备不同充填量化学注浆固砂体试样，而 5.3 气压控制式化学注浆体制备装置不能达到精确控制注浆量和保证浆液在砂样中均匀充填，因此，下面采用松散砂土与化学浆液按不同比例(质量比)混合制备成化学浆液固砂体试样，用于不同充填程度化学注浆固砂体的渗透试验。

5.5.2　试样制备

5.5.2.1　试样模具制作

三轴试样模具：

① 将内径为 39.1 mm 的 PVC 管切割成 90 mm(试样为 80 mm，由于试样固结时会有收缩，预留出一定高度)高的圆柱筒。

② 将圆柱筒两端用砂纸磨平。

③ 将圆柱筒侧壁用锯子锯出一条缝，以方便后面拆样。

④ 用宽透明胶带将圆柱筒侧壁捆绑住，防止制样时侧壁裂缝张开。

⑤ 用铁丝上下箍紧圆柱筒(图 5-21)。

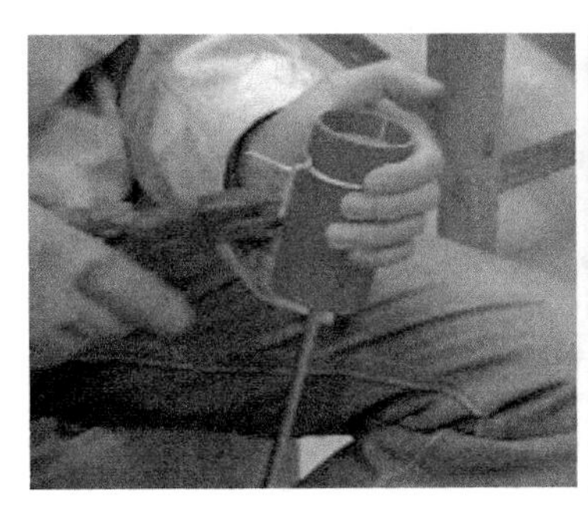

图 5-21　试样制备图

5.5.2.2　试样制备

(1) 常规试验试样制备

首先制备单轴抗压强度、直接剪切试验、常规渗透试样，进行的常规试验为高压三轴渗透试验提供背景值。

按 4.2 节比例分别配制粗砂、细砂，干土 200 g(若干)，加水 10%，即湿土样 220 g(若干)，用于制备常规物理力学性质试验及常规渗透试验等。

单轴抗压强度试样制备：取制备好的 220 g 湿土样分别加入 5.3 节制备好的化学浆液，加入粗砂和细砂的浆液比例都分别为 3%、10%、20%和 30%。充分搅拌均匀后，分层装入内径 39.1 mm、高 80 mm 的饱和器中，根据所需密度控制装入量，凝固、置于密封干燥皿中固结，养护 3 d 后试验。

直接剪切试验试样制备：取制备好的 110 g 湿土样分别加入 5.3 制备好的化学浆液，加入粗砂的浆液比例为 3%、10%、20%和 30%，加入细砂的浆液比例分别为3%、5%、10%、30%。充分搅拌均匀后，分层装入内径61.8 mm、高20 mm的环刀中凝固、置于密封干燥皿中固结，养护3 d后试验。

常规渗透试样制备：取制备好的220 g湿土样分别加入5.3制备好的化学浆液，加入粗砂的浆液比例为3%、10%、20%，加入细砂的浆液比例分别为3%、5%、10%、30%。充分搅拌均匀后，分层装入内径61.8 mm、高40 mm的环刀中凝固，置于密封干燥皿中固结，养护3 d后试验。

同时对加入不同比例化学浆液的粗砂、细砂进行物理指标测试与计算。

(2) 高压三轴试验试样制备

按5.3比例分别配制粗砂、细砂，干土200 g(若干)，加水10%，即湿土样220 g，取制备好的220 g湿土样分别加入5.3制备好的化学浆液，加入浆液比例为10%、20%、30%和40%。充分搅拌均匀后，分层装入内径39.1 mm、高80 mm的饱和器中凝固，置于密封干燥皿中固结养护3 d后试验。

5.5.2.3 试样数量与试验方案

制备的不同充填程度化学浆液固砂体试样数量与试验方案见表5-13。

表5-13 不同充填程度化学浆液固砂体试样数量与试验方案

土样名称与试验内容		含化学浆液比例(质量比)/%					
		3	5	10	20	30	40
粗砂	密度	2		2	2	2	2
	重度	2		2	2	2	2
	直接剪切	4		4	4	4	
	单轴抗压	2		2	2	2	
	常规渗透	2		2	2	2	
	温度对渗透性影响	1		1	1		
	高压渗透			2	13	2	3
细沙	密度	2		2	2	2	2
	重度	2		2	2	2	2
	直接剪切	4	4	4		4	
	单轴抗压	2		2	2	2	
	常规渗透	2	2	2		2	
	温度对渗透性影响	1	1	1			
	高压渗透			2	2	2	2

5.5.3 不同充填程度化学浆液固砂体基本力学性质试验

5.5.3.1 力学指标

对 5.5.2.2 制备的粗砂和细砂的不同充填程度化学浆液固砂体进行重度、单轴抗压强度、直接剪切试验，结果见表 5-14。

表 5-14 不同充填程度化学浆液固砂体重度、抗压强度、抗剪强度

试样	重度	单轴抗压强度/kPa	凝聚力 c/kPa	内摩擦角 φ/(°)
含浆液 3%粗砂	2.62	0.574	9.0	24.5
含浆液 10%粗砂	2.62	2.875	3.6	32.1
含浆液 20%粗砂	2.41	18.203	52.2	30.3
含浆液 30%粗砂	2.50	34.276	61.2	29.8
含浆液 3%细砂	2.62	0.675	15.5	27.3
含浆液 5%细砂			1.5	35.3
含浆液 10%细砂	2.50	10.088	21.4	30.0
含浆液 20%细砂	2.53	22.890		
含浆液 30%细砂	2.43	37.625	49.0	35.0

从表 5-14 中可见，除个别点试验异常外，总体趋势是：含浆液越多，重度越小，凝聚力越大，单轴抗压强度也越大。

试验中所用浆液中，甲液重度为 1.24 kN/cm^3，添加剂重度为 1.42～1.53 kN/cm^3，乙液比重为 1.19 kN/cm^3，都远低于纯砂样的重度，所以混合后的含浆液固结体重度低于原砂样的重度。

浆液含量愈多，试样砂颗粒所占比例愈小，浆液含量愈高，固结体的重度愈小。

同样，砂样含化学浆液的固结体的含浆液量越大，固结体强度愈大。

5.5.3.2 常规渗透性质

将 5.5.2.2 所制直径 61.8 mm、高 40 mm 的试样连同环刀装入南 55 型渗透仪，密封环刀与渗透仪内壁间周围缝隙，以保证水流从环刀上下面含浆液固结体中渗透。分别进行砂样加浆液 3%、5%、10%、20%、30%固砂体的变水头渗透试验。

根据《土工试验规程》分别进行细砂加浆液 3%、5%、10%、30%固砂体的变水头渗透试验，试验结果如下：加浆液 3%固砂体渗透系数 $K_{3\%}=4.86\times10^{-4}$ cm/s；加浆液 5%固砂体渗透系数 $K_{5\%}=3.48\times10^{-4}$ cm/s；加浆液 10%

固砂体渗透系数 $K_{10\%}=1.59\times10^{-4}$ cm/s；加浆液 30%固砂体渗透系数 $K_{30\%}=0.319\times10^{-4}$ cm/s；都小于未加浆液前细砂样的渗透系数（$K_{细砂}=5.62\times10^{-4}$ cm/s）。渗透系数与浆液含量之间的关系见图 5-22 所示。

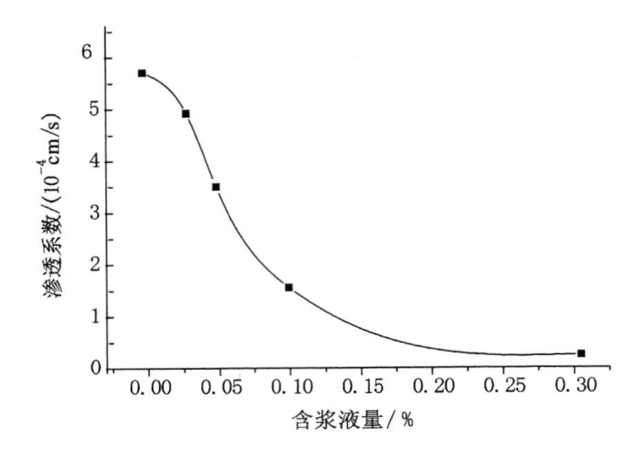

图 5-22　细砂不同充填程度化学浆液固砂体渗透系数与含浆液比例关系

利用恒温水浴锅保持渗透试验恒定水温，对加 3%、5%、10%三种比例浆液细砂固结体进行不同温度下的渗透试验。结果显示，渗透系数随水温升高而增加，见图 5-23 所示。

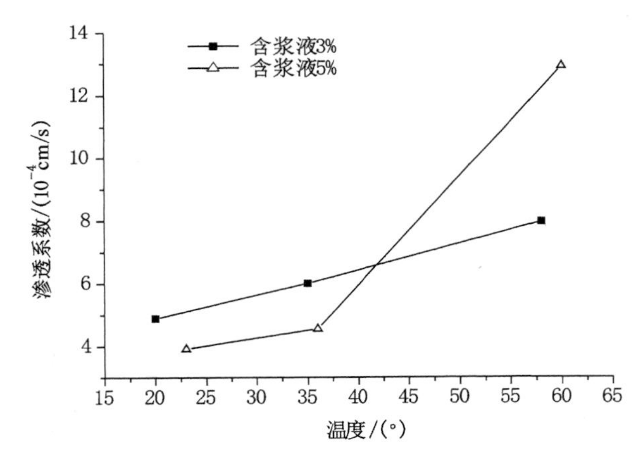

图 5-23　渗透系数随温度的变化

粗砂不同充填程度化学浆液固砂体渗透系数随浆液含量增大而减小，见图 5-24 所示。

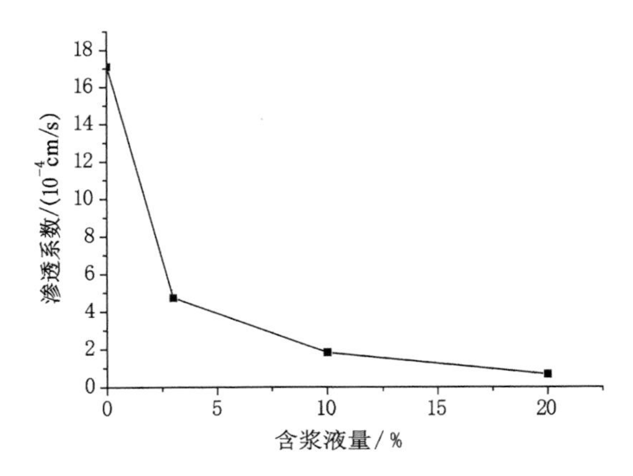

图 5-24　粗砂不同充填程度化学浆液固砂体渗透系数与含浆液比例关系

对加浆液 3%、10%、20%三种粗砂试样变化水温在 20 ℃、40 ℃条件下进行渗透试验，三种试样固砂体的渗透系数随水温升高而升高，见图 5-25 所示。

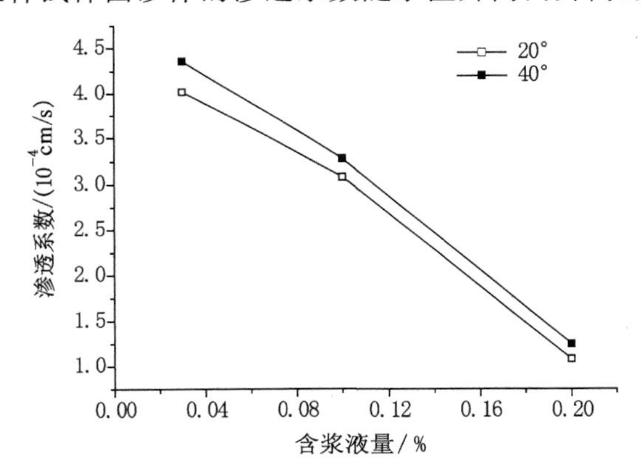

图 5-25　粗砂不同充填程度化学浆液固砂体渗透系数与浆液含量和温度关系

5.5.4　不同充填程度化学浆液固砂体高压渗透实验方案

5.5.4.1　细砂不同充填程度化学浆液固砂体

（1）相同渗透水力梯度、逐级加载围压渗透系数变化

设定压差 50 kPa，围压 200、400、1 000、2 000、4 000、8 000 kPa 逐级增大进行渗透试验，如图 5-26 所示。结果表明，渗透系数随围压增大而减小；渗透系数随含浆液比例增大而减小；浆液含量低于 30%时，渗透系数变幅大，浆液含量为 30%～40%时，渗透系数变幅小。

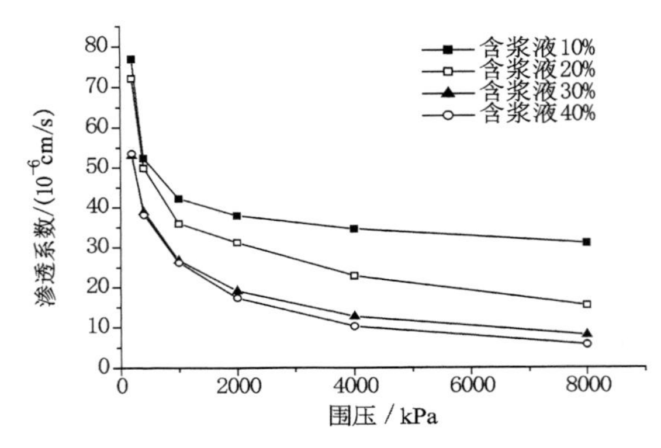

图 5-26　细砂不同充填程度化学浆液固砂体设定压差 50 kPa，渗透系数与围压的关系

(2) 恒定围压和逐级设定渗透水力梯度下渗透系数的变化

设定围压 8 000 kPa，压差按 50、200、400、800、1 500、800、400、200、50 kPa 顺序变化设定进行渗透试验，如图 5-27 所示。结果显示，渗透系数随含浆液比例增大而减小，含浆液 30%固砂体与含浆液 40%固砂体的渗透系数变化幅度小。围压设定条件下，渗透系数随压差增大而有增大的趋势。

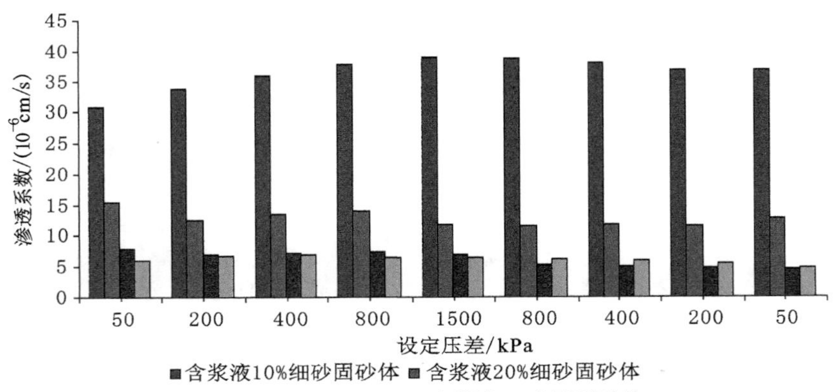

图 5-27　设定围压 8 000 kPa，渗透系数与渗透压差的关系

5.5.4.2　粗砂不同充填程度化学浆液固砂体

对粗砂含 20%、30%、40%浆液固砂体进行围压 400～8 000 kPa，设定渗透压差 50～1 500 kPa 渗透试验，部分结果如图 5-28 所示。可见，总体趋势是

渗透系数随围压增大而减小。

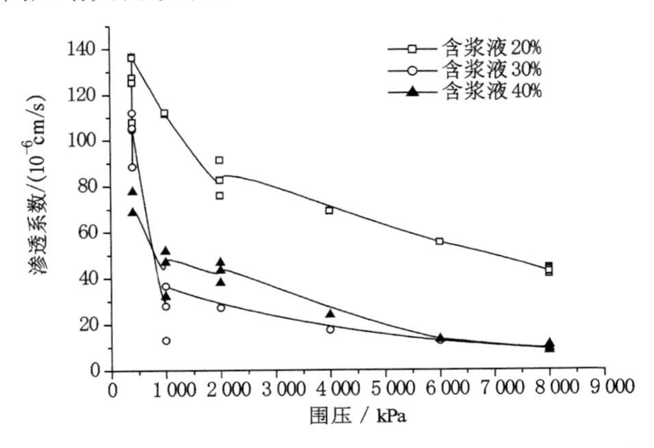

图 5-28 粗砂不同充填程度化学浆液固砂体渗透系数与围压和渗透压差之间的关系

(1) 相同渗透水力梯度、逐级加载围压渗透系数变化

在设定压差 200 kPa 条件下，含浆液 20%、30%、40%固砂体围压增大时渗透系数变化，见图 5-29 所示。可见，随围压增大，渗透系数逐渐减小。

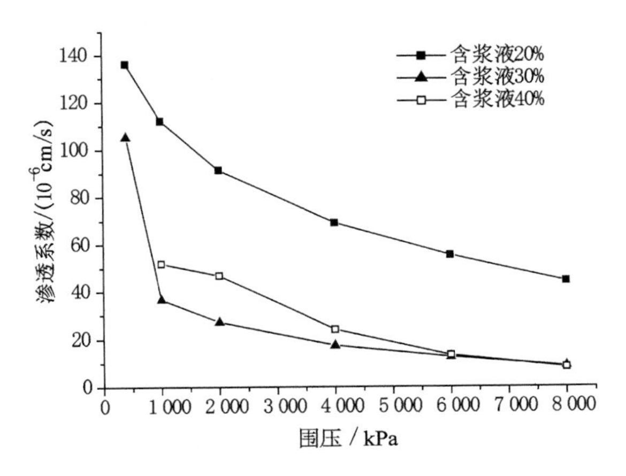

图 5-29 粗砂不同充填程度化学浆液固砂体设定压差 50 kPa 渗透系数与围压的关系

(2) 恒定围压和逐级设定渗透水力梯度下渗透系数的变化

对浆液含量 20%的固砂体 2～6 号样进一步试验，设定围压 200 kPa，压

差变化，结果见图5-30所示。可见，渗透系数随压差增加而增加，设定压差50 kPa后，渗透系数增加幅度减缓。

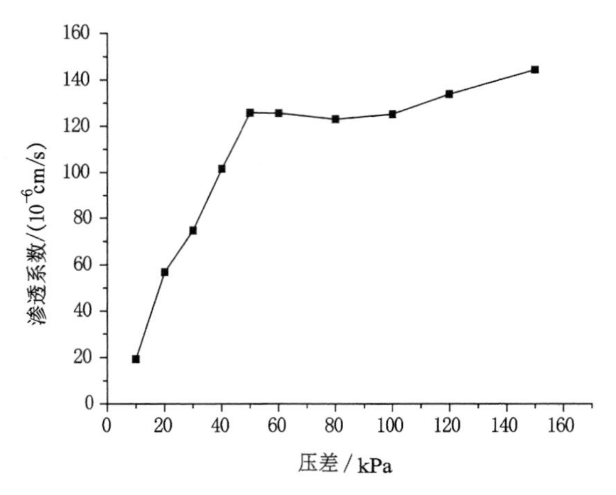

图5-30 围压200 kPa下粗砂含浆液20%固砂体渗透系数与渗透压差之间的关系

(3) 高围压条件下渗透系数随渗透水力梯度的变化

高围压下的渗透试验结果见图5-31所示。可见，高围压下，渗透系数随着设定渗透压差的变化变得不再明显。

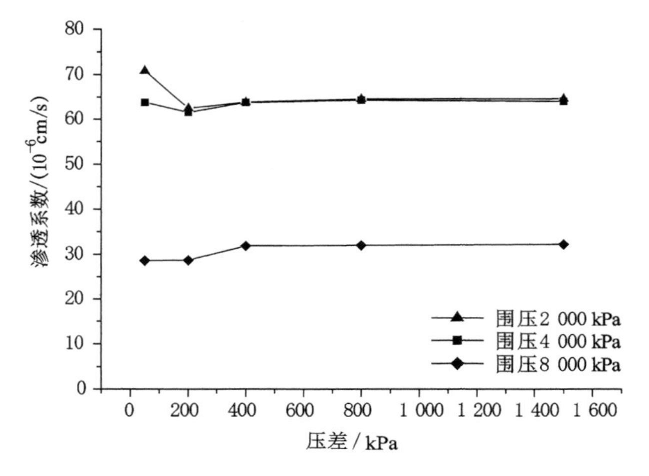

图5-31 高围压粗砂固砂体渗透系数与渗透压差之间的关系

5.6　本章小结与讨论

5.6.1　小结

本章根据3.1节模型注浆试验结果，浆液距注浆口位置不同，浆液扩散浓度也不同。以化学注浆后砂层含浆液量不同为依据，对半胶结砂岩模型化学注浆固结养护后设计了取样位置与取样方法，再对其试样加工后进行高压渗透试验。由于试样取样、加工困难，对试样进行高压渗透试验结果有一定误差。为获得满足静态三轴试验要求的试样直径、高度和精度，设计研制了气压控制注浆试样制备装置，该装置可以进行双液注浆或单液注浆，可以控制浆液的不同配比和灌注压力，通过气缸活塞来对试样施加压力，可以模拟不同深度砂层的注浆。制作满足三轴试验要求的注浆固砂体试样，分别对粗砂、细砂、黏土质砾砂三种注浆固砂体，采用静态高压三轴试验系统进行不同高围压、不同高压差条件下的三轴渗透试验；基于距离注浆孔不同位置、化学浆液充填量不同，化学浆液固结砂体的渗透性存在差异，配制了含化学浆液3%、5%、10%、20%、30%固砂体，获得其基本物理力学性质指标和常规变水头渗透系数特征，并进行高压三轴渗透试验。取得主要认识如下：

(1) 对半胶结砂岩模型化学注浆固结养护后设计了取样位置与取样方法，对试验用的半胶结砂岩注浆前样品和注浆后的固结体进行了渗透试验，试验的围压为400～8 000 kPa，渗透设定压差为50～600 kPa。结果表明，注浆前半胶结砂岩在一定围压下渗透系数随着渗透压差的增大而增大，渗透系数随围压的变化表现出不同的特点：砂层A注浆前的渗透系数随围压增加(400～2 000 kPa)而增加，而注浆前砂层B渗透系数随围压(1 000～8 000 kPa)增大而减小。注浆后砂层B的高压渗透结果表明，渗透压差一定时，渗透系数随围压增大而减小。

(2) 对由气压控制注浆试样制备装置注浆获得的三种化学浆液固砂体样品进行了渗透试验，试验围压为200～4 000 kPa，渗透设定压差为40～1 500 kPa。

结果表明，对于粗砂化学注浆固砂体试样，围压一定时，渗透系数随渗透压差的增大而增大；渗透压差一定时，围压不超过1 000 kPa时，渗透系数随围压增大而减小，围压从1 000 kPa逐渐减小，渗透系数随围压逐级减小而逐级增大，而且渗透系数回升的幅度在围压越小时，幅度越大。当围压为大于2 000 kPa的高围压下，渗透压差一定时，渗透系数随围压增大而逐渐增大。

压差一定时，将围压设定为目标值，围压逐步施加到样品上，施加围压过程中和施加围压以后，施加渗透压差进行渗透试验，这时获得的渗透系数要小于先将围压加至目标围压时试验得到的渗透系数。

设定压差 1 000 kPa 时，围压由 8 000 kPa 降到 4 000 kPa 时，渗透系数增加。再继续进行围压 4 000 kPa、压差逐渐减小试验时，显示渗透系数随压差减小而增加的现象，推断此时试样可能被压裂。

对细砂化学注浆固砂体试样和黏土质砾砂化学注浆固砂体试样的渗透试验，表现出与上述粗砂化学注浆固砂体渗透试验类似的规律，如渗透系数随压差增大而增大，随着渗透压差的减小而减小，但是也表现出一些不同的地方，比如黏土质砾砂化学注浆固砂体在高围压下的渗透系数低于低围压下的渗透系数，细砂固结体的渗透系数则随着围压的增大呈现出增大的趋势。

(3) 分别进行砂样加浆液 3%、5%、10%、20%、30%固砂体的渗透试验，试验围压为 400～8 000 kPa，渗透设定压差为 50～1 500 kPa。试验表明，渗透系数随围压增大而减小，渗透系数随含浆液比例增大而减小，浆液含量低于 30%时，渗透系数变幅大，浆液含量为 30%～40%时，渗透系数变幅小。围压设定条件下，渗透系数呈现出随压差增大而增大的趋势。

5.6.2 讨论

从国内外学者的研究结果来看，孔隙类介质(例如土和岩石)室内测得的渗透系数与围压大小的关系一般都反映为渗透系数随着围压加大而减小。

岳中文等对伊犁一矿砾石土所做的三轴渗透试验表明，渗透系数随着水头压力的增大而增大，在相同的水头压力下，渗透系数随着围压的增大而减小[122]。试验采用的围压为 400、500、600 和 750 kPa，试验压差为 100、200 和 300 kPa，围压远小于本书试验所采用的围压。赵天宇等室内采用柔性壁渗透仪实测了膨润土改性黄土的渗透性能，研究表明，试验初期试样的渗透系数在同一数量级上有较大波动，随着时间增加渗透系数趋于稳定，稳定后几乎不随时间发生变化，增大围压和渗透压都可以引起改性黄土渗透系数在同一数量级上降低[123]。试验围压为 100、150、200、250 kPa，渗透压为 10～100 kPa。雷红军等利用改进的三轴渗透试验装置对某高堆石坝心墙黏土剪切过程中的渗透性进行研究，表明在低围压如 100、300 kPa 时，试样在轴向应变增加到某一程度时，渗透系数有反向增加的趋势，但这种趋势并不明显。在高围压下，土样渗透系数没有反向增加的现象，且高围压下渗透系数变化较小[124]。但是，从本书两个试样所做的高围压下渗透系数的变化特点来看，当围压大于 1 000 kPa 时出现了渗透系数随围压增大的现象，这在以往渗透试验中比较少见。化学注浆固结细砂和粗砂也表现出类似情况，但是黏土质砾砂化学注浆体以及不同充填程度化学浆液固砂体，表现出高围压下的渗透系数小于低围压下渗透系数。这可能和土体所受围压大小、围压对试样的破坏程度、试样的成分等有关，其黏土颗粒或浆液颗粒的调和作用使得应力集中程度低。可能是由于围压增大改变了砂样的组构，使得孔隙结构发生了变化，连通性增强的原因。但是和低压条件下孔隙物质所做试验相比，是否存在一个压力转变点，需要进一步试验。

A.J.Bolton 研究了平均有效应力和内部流体对人工粉质黏土渗透性的影响。试样采用商业高岭土和平均粒径 63 μm 的细砂以 6∶4 的比例混合而成，试验采用的围压最大到 800 kPa，渗透压差为 50～250 kPa。试验结果表明，加载过程中，试样的孔隙率、渗透系数都随着有效应力的增加而降低，而卸载过程中，孔隙率和渗透系数随着卸载有增加，但是增加的幅度比较小。当内部孔隙水压力增加时，渗透系数增加比较快。A.J.Bolton 还给出了一个简单模型，说明有效应力和孔隙水压力对渗透性的影响[125]。Sui Wanghua 等采用黏土和煤矸石混合物所做的渗透试验也表明，渗透系数随着施加的垂直压力的增加而减小[126]。Paola Bandini 等研究了砂和 25%粉粒混合样品的渗透系数、固结系数等，围压为 50～300 kPa，结果表明，此种混合砂的渗透系数比纯净砂大约低 2 个数量级，渗透系数随着围压的增加而降低[127]。M.J.Pender 等研究了奥克兰残积黏土的孔隙结构和渗透性之间的关系，采用 CT 监测了固结过程中土样的孔隙变化，试验最大围压为 900 kPa。结果表明，围压低时，黏土中的宏观孔隙比较发育，当围压增加到 200 kPa 时，孔隙尺寸有很大程度的减小，从较小的围压逐渐增加到 200 kPa 时，渗透系数显著减小[128]。

M.Oda 等研究了岩石三轴压缩破坏过程中裂隙扩展和渗透性的变化，施加的围压高达 140 MPa，结果显示，在围压 140 MPa 条件下破裂岩石的渗透系数较原岩大 2～3 个数量级。当围压从 2 MPa 增加到 48 MPa，渗透系数增加约 1 个数量级，作者解释这与压力增加后裂隙被压缩有关[129]。徐德敏等针对岩石所做的高围压(最大 25 MPa)条件下的试验结果表明，岩石的渗透性随着围压增大而降低[130]。

对于渗透系数与渗透压力的关系解释，国内外学者基本都是从有效应力原理出发。雷红军等的结果还显示，渗透系数随渗透压力增大而增大，渗透压力最大为 400 kPa。作者采用有效应力原理解释了这种现象的原因，试验采用的最大围压是 1 800 kPa，在该围压作用下的渗透系数趋于稳定。本书所做的化学注浆固砂体都表现出类似的规律。

6 化学注浆固砂体渗透试样的微观结构

6.1 微结构分析方法

本章主要采用扫描电子显微镜和压汞试验研究高压渗透后样品的微观结构特征，并与渗透性变化进行对比，分析注浆体渗透性变化及抗渗性能的微观机理。

P.Danielle 等采用 X 射线衍射、扫描电子显微镜（SEM）和压汞试验（MIP）研究了温度升高时两种用于核废料储存库的水泥基高分子灌浆材料的微结构变化，渗透和淋滤试验前后的孔隙率、表面特征变化等，探讨了温度对渗透和淋滤特性变化的机理[131]。O.Serge 等采用压汞试验，对水泥固结膏体充填材料的孔隙结构进化过程进行研究，分析了强度变化与微孔隙结构之间的关系[94]。M.Keven 等研究了化学浆液灌注的颗粒材料的微结构特征、浆液成分对微观结构和宏观性质的影响，浆液和砂之间的相互作用通过浆液充填孔隙的程度和砂粒度特征的变化来评价，采用微观图像分析了浆液对单个颗粒以及浆液固结体破坏面的影响，研究了距离注浆点不同位置的浆液成分富集的情况[132]。隋旺华等分别对井壁和壁后土体采取了样品，分析注浆前后微观结构、孔隙率、空隙大小变化情况，结果表明，化学浆液灌注有效地充填了渗水微空隙，从微观机理上解释了不同注浆材料的防渗效果[32]。

6.1.1 试验设备

6.1.1.1 环境扫描电子显微镜

环境扫描电镜为 FEI 公司（原飞利浦电镜）首创，样品室及镜筒压差控制系统和探测器设计保证了环扫系统可以在高真空/低真空/超低真空环境下对导体/半导体/绝缘体进行无喷涂导电层直接分析表征，更可在高压条件下进行含水、有气样品的原始形貌观测、气体和样品之间相互作用的原位观测研究。试验采用中国矿业大学测试中心的 QuantaTM 250 环境扫描电子显微镜，是 FEI 公司在 2009 年 7 月后推出的系列产品，具有良好的超低真空/低真空工作稳定性及样品信号收集效果。

QuantaTM 250 环境扫描电子显微镜的主要技术指标：

高真空模式分辨率：≤3.0 nm @30 kV(SE)

≤4.0 nm@30 kV(BSE)

≤8 nm@3 kV(SE)

低真空模式分辨率：≤3.0 nm @30 kV(SE)

≤4.0 nm@30 kV(BSE)

≤10.0 nm@3 kV(SE)

环境真空模式分辨率：≤3.5 nm @30 kV(SE)

放大倍数：6 倍～100 万倍

加速电压：0.2 kV～30 kV

试验中采用的电压一般为 12.5～15 kV，样品室压力为 130 Pa。

6.1.1.2　压汞仪

采用美国麦克公司 AutoPoreⅣ 9510 型压汞仪。可直接用于检测水泥、陶瓷、混凝土、耐火材料、玻璃等无机非金属材料样品以及金属和部分有机材料样品内部的分布状态；也可用于研究材料内部的微孔结构对材料性能的影响规律，其特点是：① 利用施于汞的压力和气孔直径的对应关系，检测材料内部微孔直径；② 电脑系统操作，测试结果准确、重复性好；③ 块状和粉末状材料均可测试；④ 样品量小。利用 AutoPoreⅣ 9510 型压汞仪，可以获得累计进汞量—压力关系曲线、进汞量的微分对数—孔径关系曲线、喉径尺寸比率—孔隙填充百分比关系曲线、进汞体积—压力关系曲线、孔体积—压力关系曲线。主要性能指标如下：

(1) 低压分析

压力范围：0～50 psia(345 kPa)

分辨率：0.01 psi(69 Pa)

气孔直径：360～3.6 μm

传感器精度：±1%

(2) 高压分析

压力范围：1 atm～60 000 psia(414 MPa)

分辨率：

① 1 atm～5 000 psia(34 MPa)：0.1psi(689 Pa)

② 5 000 psia(34 MPa)～60 000 psia(414 MPa)：0.3 psi(2 070 Pa)

气孔直径：6～0.003 μm

传感器精度：±1%

(3) 充汞

分辨率：< 0.1 μL

精度：±1%

本书采用压汞试验主要目的是分析化学注浆固砂体渗透试验后样品的孔隙结构，与扫描电镜形貌观察一起分析化学注浆固砂体渗透性变化的微观机理。

6.1.2 微结构分析样品选择

用于扫描电镜观察和压汞试验的注浆体渗透样品共有 18 组，见表 6-1。

表 6-1 微观分析样品一览表

编号	样品来源描述及特点	渗透试验条件 /MPa	渗透系数 K /(10^{-6} cm/s)	SEM 或 MIP
011	充填 10%浆液细砂、高压渗透后	围压 8 000，压差 1 500	38.977	MIP
012	充填 20%浆液细砂、高压渗透后	围压 8 000，压差 1 500	11.773	SEM、MIP
013	充填 30%浆液细砂、高压渗透后	围压 8 000，压差 1 500	6.996	MIP
014	充填 40%浆液细砂、高压渗透后	围压 8 000，压差 1 500	6.381	SEM、MIP
110	充填 10%浆液粗砂、高压渗透后			MIP
120	充填 20%浆液粗砂、高压渗透后	围压 8 000，压差 1 500	42.699	SEM、MIP
130	充填 30%浆液粗砂、高压渗透后	围压 8 000，压差 1 500	9.206	MIP
140	充填 40%浆液粗砂、高压渗透后	围压 8 000，压差 1 500	10.625	SEM、MIP
201	粗砂注浆体 1 号样、高压渗透后	围压 1 000，压差 800	18.16	SEM
202	粗砂注浆体 2 号样、高压渗透后	围压 8 000，压差 1 000	22.998	SEM、MIP
203	粗砂注浆体 3 号样、高压渗透后	围压 8 000，压差 1 000	11.465	
301	细砂注浆体 1 号样、高压渗透后	围压 4 000，压差 1 500	541.289	
302	细砂注浆体 2 号样、高压渗透后	围压 2 000，压差 1 200	119.5(337.4)	SEM、MIP
303	细砂注浆体 3 号样、高压渗透后	围压 4 000，压差 1200	402.5(626.2)	SEM
401	黏土质砂注浆体、高压渗透后	围压 1 000，压差 400	87.947	MIP
A1	模型试验砂层 A、注浆前	围压 2 000，压差 200	88.650	MIP
B1	模型试验砂层 B、注浆前	围压 2 000，压差 200	317.492	MIP
B2	模型试验砂层 B、注浆后	围压 8 000，压差 50	15.041	

6.1.2.1 扫描电镜的样品制作与测试

选 10 mm 左右大小的代表性样品平铺于仪器的常温环境试验台上，试样底部用少量白乳胶固定以防止分析过程中移动试样产生震动。

将制备好的样品送入环境扫描电镜样品压力室，观测其形貌特征。

分析模式：ESEM 环境真空模式；加速电压：12.5 kV；工作距离：20～23 mm；束斑尺寸：4.0；样品室压力：130 Pa；分析探头：GSED 二次电子探头。

ESEM 环境扫描模式可实现对样品的降温或加温，模拟自然样品温度环境，样品不需要预处理，可以直接进行自然状态下的观察；如可以观察含油含水样品、胶体样品和液体样品以及样品在低温或高温等不同环境条件下的动态变化过程；ESEM 模式利用内置水槽产生的水蒸气，将样品室压力控制在 60～2 600 Pa 的压力范围内，可完成对释放气体及绝缘样品的观察。

ESEM 的加速电压一般在 8～15 kV 之间；由于这次分析样品孔隙较发育，连通性较好，虽然试样致密性较差，但平均原子序数较高，因此，为获得较好的图像衬度，选择了较高的加速电压。

使用气体式二次电子探头(GSED)在一般的压力、湿度及分辨率下观察样品时，在较低的倍数下通常使用 7 mm 的工作距离，但由于这次的分析样品分析前没有可借鉴的试验条件资料，为保护极靴及末级光阑，尽量减少电子束轰击时的污染，分析时采用的工作距离是 20～23 mm。

分析过程及重点跟踪：首先观察样品的低倍形貌，重点获得试样的总体信息；局部放大模式重点跟踪粒间胶结物(化学浆液)的微观结构、胶结物质分布；孔隙类型、形态、密度、尺寸及连通性；断裂表面结构、胶结物质在砂粒表面的附着状态等。

6.1.2.2　压汞试验的样品的制作及测试

选择有代表性的样品放入干燥箱中烘干 24～48 h，温度不高于 100 ℃，以去除水分，将烘干后的样品放入膨胀计中密封，抽真空至 50 mmHg 以下，将汞注入膨胀计，选择压力表然后逐点加压，把汞压入样品中。随着压力的增加，汞由大孔到小孔进入样品的孔隙，直至测试工作完成。

6.2　结果分析和讨论

6.2.1　化学注浆固结砂的微孔隙分类及特征

6.2.1.1　微孔隙分类

渗透性和物质的孔隙特性密切相关。孔隙大小一般分为超毛细管孔隙、毛细管孔隙和微毛细管孔隙三类。

超毛细管孔隙：直径大于 0.5 mm，相应裂缝宽度大于 0.25 mm，液体在重力作用下自由流动。

毛细管孔隙：直径为0.5～0.000 2 mm，裂缝宽度为0.25～0.000 1 mm，由于毛细管力的作用，液体不能自由流动。

微毛细管孔隙：直径小于0.000 2 mm，裂缝宽度小于0.000 1 mm，液体在非常高的剩余流体压力梯度下流动。

水文地质研究表明，空隙愈小，透水性愈差。空隙直径在小于两倍结合水的厚度，在寻常条件下便不透水。例如，李云峰对黄土进行的实验研究表明，$d>2.5\ \mu m$ 的空隙是导水空隙，$d<2.5\ \mu m$ 的空隙是不导水空隙[133]；混凝土渗透特性表明，中孔（0.01～0.05 μm）和大孔（0.05～10 μm）控制着其渗透性[134]。吴恩江等对红层砂岩主要水文地质特性进行了孔径大小分类[135]。

化学注浆固砂体的渗透性取决于化学浆液对透水孔隙（裂隙）的充填程度及化学浆液本身的渗透性。

物质的孔隙结构作为一个重要的特性被广泛应用。例如，煤层的孔隙特征可以作为推测气体储存和运移形式，为煤层气开发、瓦斯灾害防治提供依据；混凝土的孔隙特征可以作为混凝土性质的重要依据等。

图 6-1 为泥岩的渗透率和孔隙率之间的关系，图 6-2 为一种砂岩的渗透率和孔隙率及有效应力之间的关系，图 6-3 和图 6-4 为 Nelson 统计的有关渗透性和孔隙率的关系。

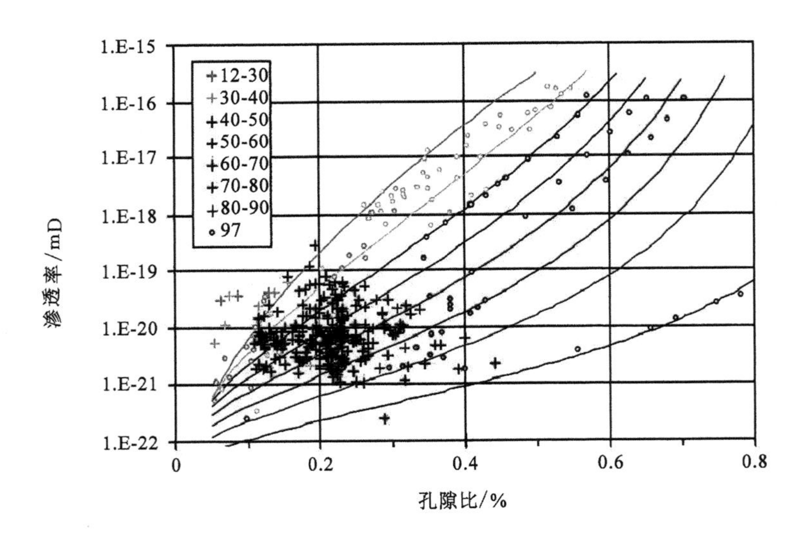

图 6-1　泥岩渗透性和孔隙率的关系[136]

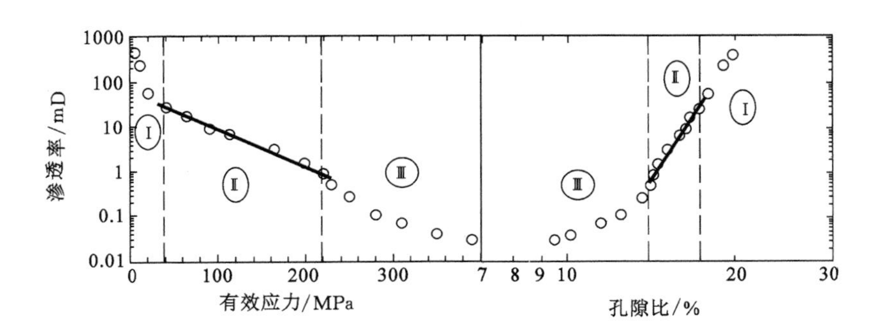

图 6-2 砂岩渗透性与有效应力(左)和孔隙率(右)之间的关系[137]

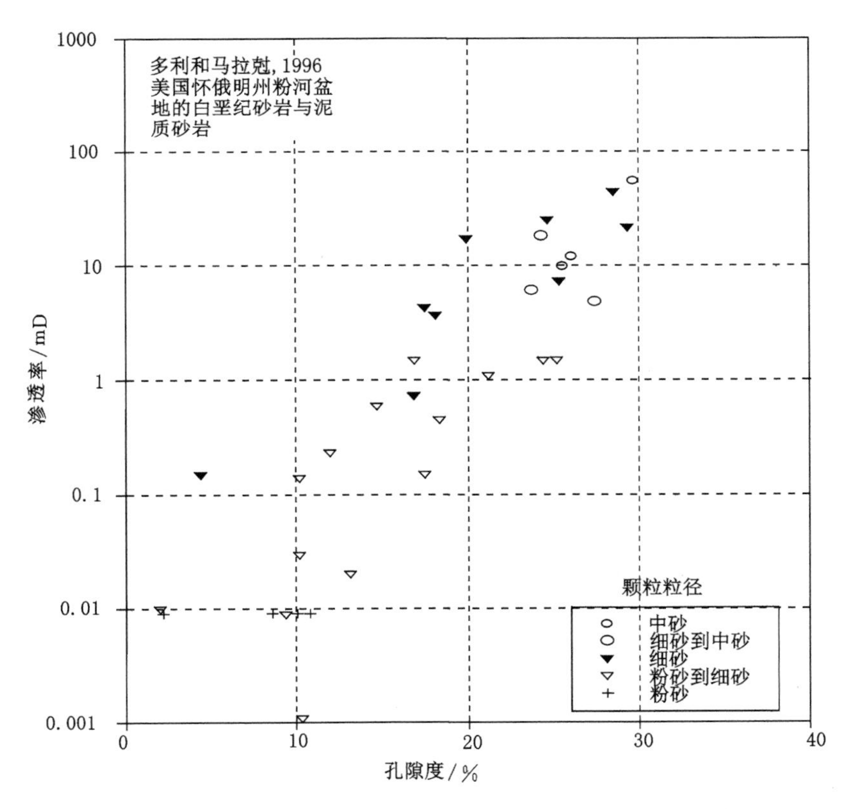

图 6-3 Powder 河谷岩芯测量的渗透率和孔隙率之间的关系[138]

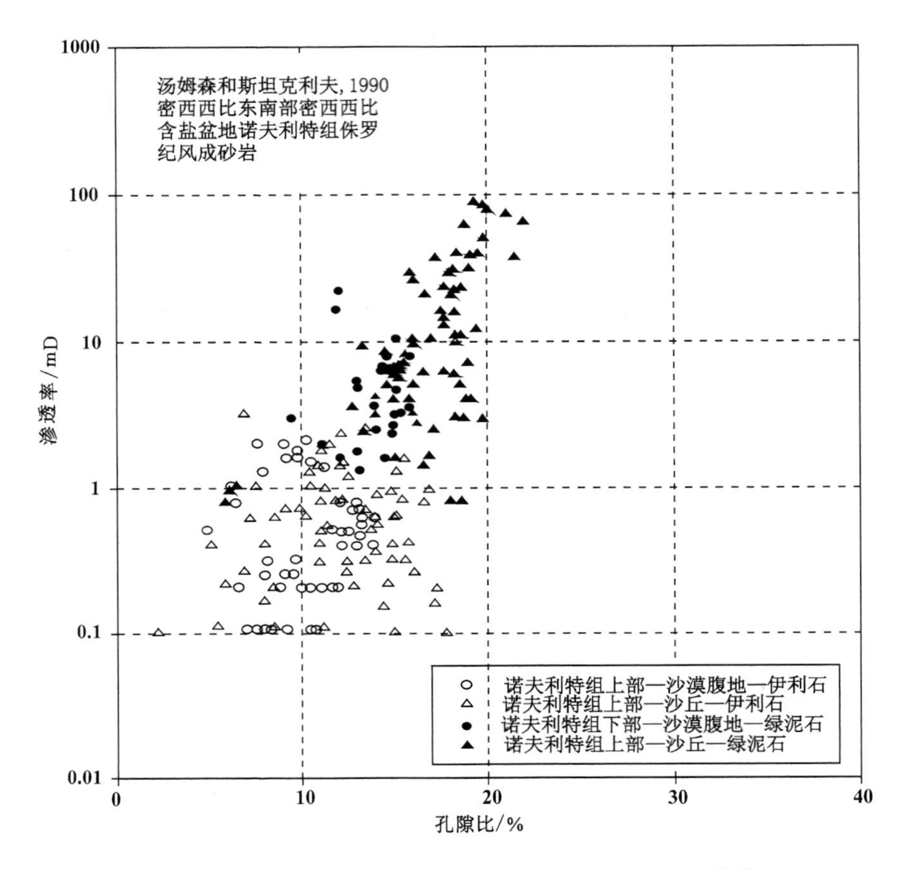

图 6-4　侏罗纪风成砂岩岩芯渗透性和孔隙性之间的关系[138]

对于化学注浆固砂体而言，其孔隙性特别是孔隙结构、孔隙数量和大小等的变化是决定注浆防渗效果的重要因素。

对于化学注浆固砂体来说，目前尚没有孔径结构分类的方案，表 6-2 所列为不同作者对几种物质的孔径结构分类方案，可以作为注浆体孔隙结构研究分类的参考。

当然，由于应用目的、孔隙赋存特性、仪器测试性能等因素的影响，各种分类都有一定的使用范围和适用条件。本书主要研究化学注浆固砂体的渗透特性，因此，在分析压汞试验资料的基础上，结合注浆砂渗透特性的变化，可以给出一个适合于渗透性评价的孔径结构分类方案。

表 6-2 几种物质的孔径结构划分(单位 nm,除标注外)

物质	黄土[139]	混凝土[140]	混凝土	碳酸盐[142]	碳酸盐[143]	红层砂岩[135]	煤[141]
作者(年)	雷祥义(1987)	近藤等(1976)	吴中伟(1973)	郑求根等(1996)	Arve Lonoy(2006)	吴恩江等(2005)	Ходот(1961)
				巨孔隙 1～2 mm 粗孔隙 0.5～1 mm 中孔隙 0.25～0.5 mm 细孔隙 0.1～0.25 mm	粒间孔 大孔 >100 μm 中孔 50～100 μm	大孔隙 >100 μm 小孔隙 10～100 μm	
	大孔隙 >16 000 中孔隙 4 000～16 000 小孔隙 1 000～4 000			微孔隙 0.01～0.1 mm 隐孔隙 <0.01 mm	微孔 10～50 μm	微孔隙 1～10 μm 超微孔 <1 μm	
	微孔隙 <1,000						
		大孔 >100 胶粒间孔(中孔) 1.6～100 微晶间孔(微孔) 0.6－1.6 超微孔 <0.6	多害孔 >200 有害孔 50～200 少害孔 20～50 无害孔 <20				大孔 >1 000 中孔 100～1 000 过渡孔 10～100 微孔 <10

图 6-5～图 6-12 为化学注浆固砂体、不同充填程度化学浆液固砂体、半胶结砂岩模型试验砂层的累计进汞量、阶段进汞量与孔径关系,从图中可见累计进汞量和阶段进汞量都呈现出一定的阶段性特点,特别是阶段进汞量与孔径的关系在多个曲线上都表现出双峰或多峰的特点。

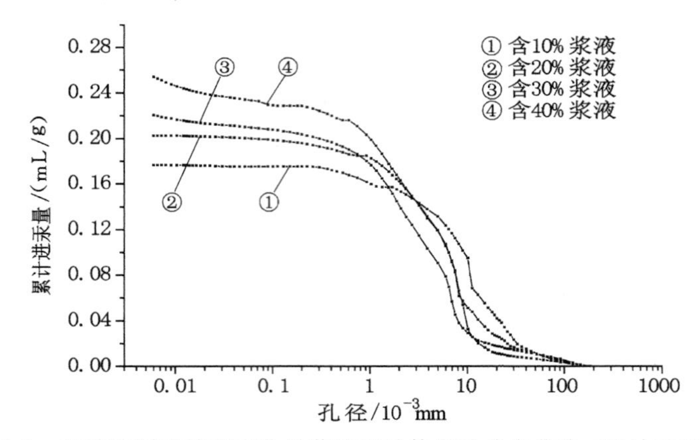

图 6-5　细砂不同充填程度化学浆液固砂体微孔分布曲线（累计进汞量）

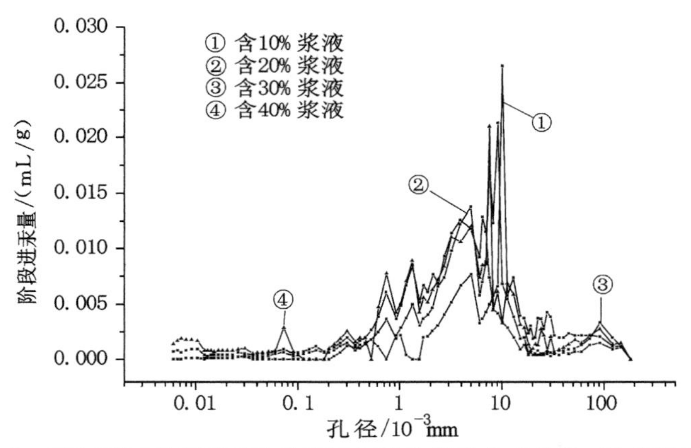

图 6-6　细砂不同充填程度化学浆液固砂体微孔分布曲线（阶段进汞量）

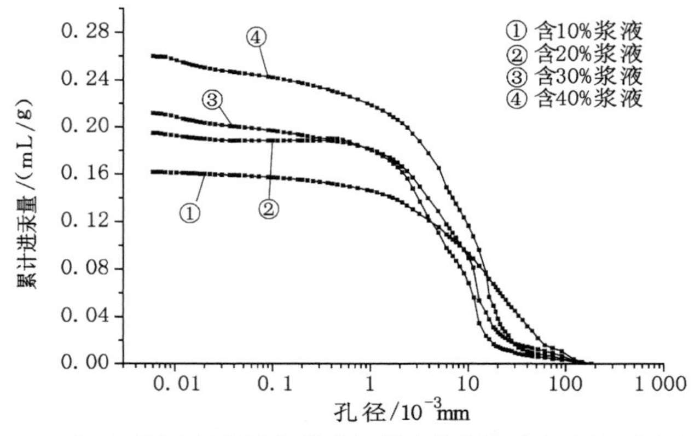

图 6-7　粗砂不同充填程度化学浆液固砂体微孔分布曲线（累计进汞量）

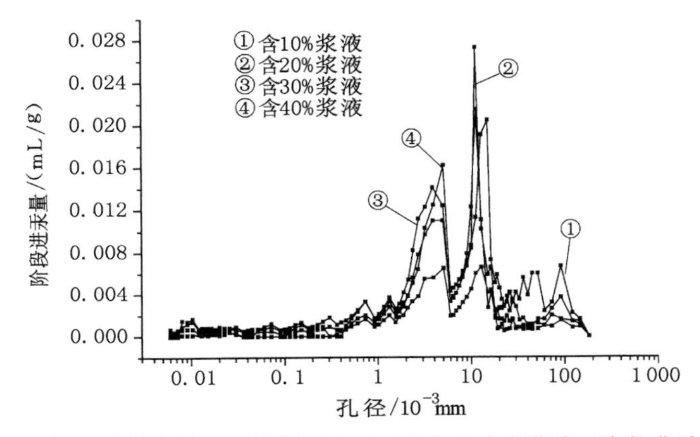

图 6-8　粗砂不同充填程度化学浆液固砂体微孔分布曲线（阶段进汞量）

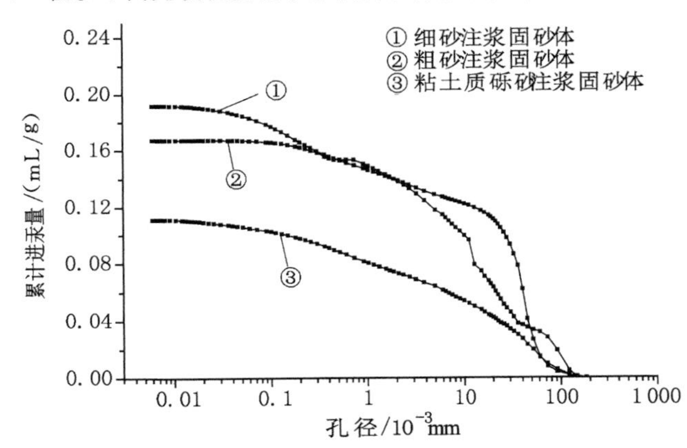

图 6-9　化学注浆固砂体微孔分布曲线（累计进汞量）

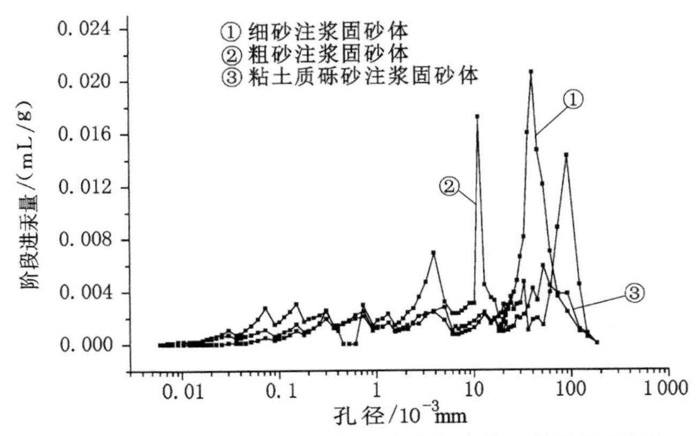

图 6-10　化学注浆固砂体微孔分布曲线（阶段进汞量）

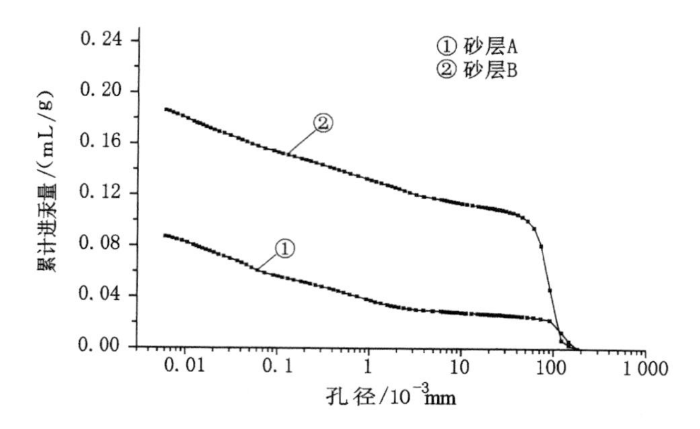

图 6-11　化学注浆半胶结砂岩模型样品微孔分布曲线（累计进汞量）

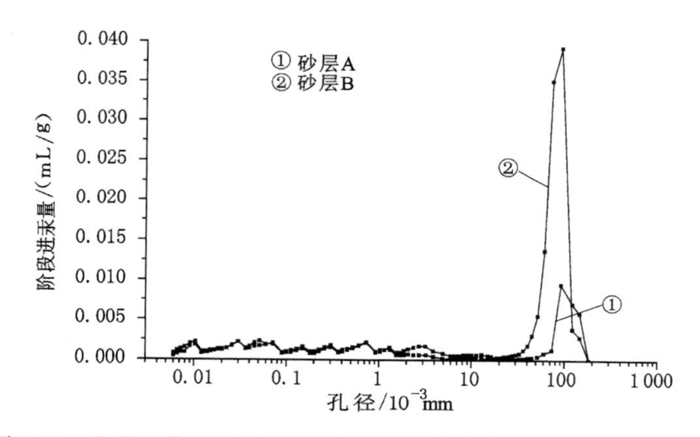

图 6-12　化学注浆半胶结砂岩模型样品微孔分布曲线（阶段进汞量）

进一步统计曲线可以发生突变的点的孔径大小，据此笔者提出了化学注浆固砂体微孔孔径结构的分类方案，见表 6-3。该方案采用了超大孔、大孔、中孔、过渡孔、微孔五级分类方案。

表 6-3　　化学注浆固砂体孔径结构类型划分

孔径结构类型	孔隙直径分布范围/nm
超大孔	＞10 000
大孔	1 000～10 000

续表 6-3

孔径结构类型	孔隙直径分布范围/nm
中孔	200～1 000
过渡孔	30～200
微孔	<30

6.2.1.2 微孔隙特征

根据表 6-3,对前述几种化学注浆固砂体的孔隙压汞试验数据进行统计,结果见表 6-4。可见,化学注浆固砂体以及不同充填程度化学浆液固砂体中主要是大孔和超大孔为主。例如,化学注浆固砂体的超大孔占 48.5%～63.6%,大孔占 12.4%～29.5%,中孔占 7.9%～15.4%,过渡孔占 3.0%～11.7%。细砂不同充填程度化学浆液固砂体超大孔占 13.2%～53.7%,大孔占 36.6%～74.1%,中孔占 6.4%～12.3%。粗砂不同充填程度化学浆液固砂体超大孔占 32.4%～57.8%,大孔占 32.6%～52.8%,中孔占 3.9%～7.1%。半胶结砂岩孔径分布范围宽,超大孔占 31.9%～61.0%,大孔、中孔、过渡孔、微孔分别占 10%～20%,其他各孔范围都分布 10%～20%。

表 6-4 化学注浆固砂体压汞试验孔隙体积

编号	孔隙体积/(mL/g);占总体积比例/%					
	V_1 (V_1/V_t)	V_2 (V_2/V_t)	V_3 (V_3/V_t)	V_4 (V_4/V_t)	V_5 (V_5/V_t)	V_t
011	0.094 9 53.7	0.064 7 36.6	0.015 7 8.9	0.000 3 0.2	0.001 1 0.6	0.176 7
012	0.032 5 16.0	0.150 2 74.1	0.012 9 6.4	0.005 6 2.8	0.001 4 0.7	0.202 6
013	0.02 9 13.2	0.147 5 66.9	0.027 1 12.3	0.008 2 3.7	0.008 6 3.9	0.220 4
014	0.051 1 20.1	0.147 8 58.2	0.029 4 11.6	0.008 2 3.2	0.017 5 6.9	0.254 0
110	0.093 3 57.8	0.052 7 32.6	0.009 5.6	0.004 3 2.7	0.002 2 1.3	0.161 5

续表 6-4

编号	孔隙体积/(mL/g);占总体积比例/%					
	V_1 (V_1/V_t)	V_2 (V_2/V_t)	V_3 (V_3/V_t)	V_4 (V_4/V_t)	V_5 (V_5/V_t)	V_t
120	0.089 5 45.9	0.091 3 46.9	0.007 5 3.9	0.000 3 0.2	0.006 2 3.1	0.194 8
130	0.068 5 32.4	0.111 7 52.8	0.012 7 6.0	0.008 6 4.1	0.01 4.7	0.211 5 100
140	0.116 4 44.7	0.102 39.2	0.018 6 7.1	0.010 8 4.2	0.012 4 4.8	0.260 2
202	0.099 3 59.5	0.049 3 29.5	0.013 1 7.9	0.005 3.0	0.000 2 0.1	0.167 1
302	0.122 1 63.6	0.023 8 12.4	0.019 7 10.3	0.022 5 11.7	0.003 8 2.0	0.191 9
401	0.054 48.5	0.026 5 23.8	0.017 2 15.4	0.010 4 9.3	0.003 4 3.0	0.111 2
A1	0.027 8 31.9	0.009 5 10.9	0.013 8 15.8	0.019 1 21.9	0.016 9 19.5	0.087 1
B1	0.113 5 61.0	0.018 1 9.7	0.015 7 8.5	0.019 10.2	0.019 7 10.6	0.186

V_1、V_2、V_3、V_4和V_5分别为＞10 000,1 000～10 000,200～1 000,30～200,＜30 nm 孔隙体积,V_t为总孔隙体积。

6.2.1.3 孔比表面特征

孔比表面积随孔径的变化见图 6-13～图 6-20 所示,具体统计数字见表 6-5。

可见,各类样品中微孔和过渡孔的比表面积占有很大的比例,中孔以上的比表面积所占比例相对较少。粗砂化学注浆固砂体过渡孔的比表面积占 45.2%、中孔的比表面积占 30.8%、大孔的比表面积占 14.8%,细砂与黏土质砾砂的化学注浆固砂体微孔的比表面积占 38.3%～51.5%、过渡孔的比表面积占 35.2%～50%、中孔的比表面积占 9.4%～10.5%;细砂不同充填

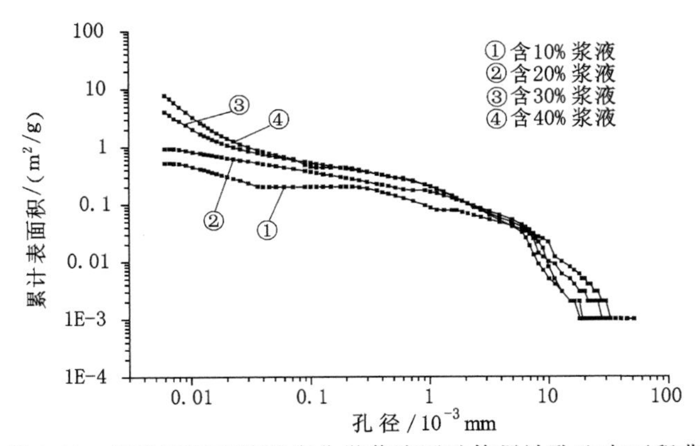

图 6-13 细砂不同充填程度化学浆液固砂体累计孔比表面积曲线

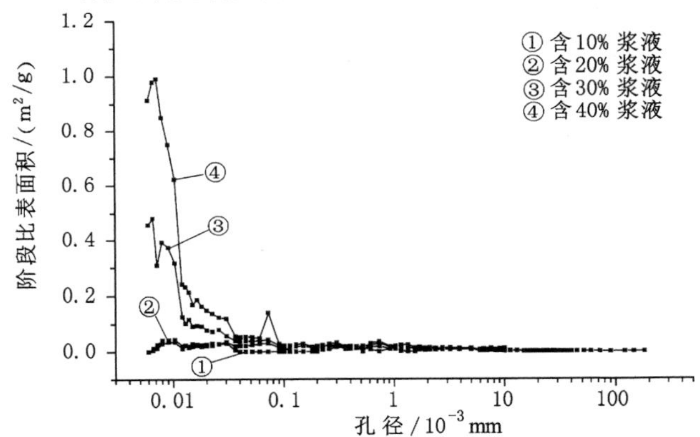

图 6-14 细砂不同充填程度化学浆液固砂体阶段孔比表面积曲线

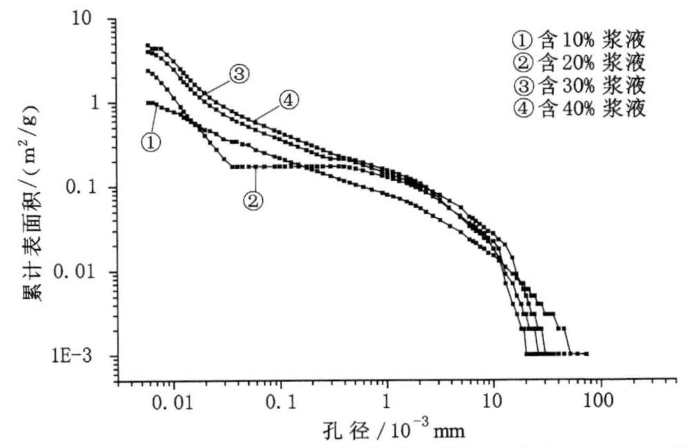

图 6-15 粗砂不同充填程度化学浆液固砂体累计孔比表面积曲线

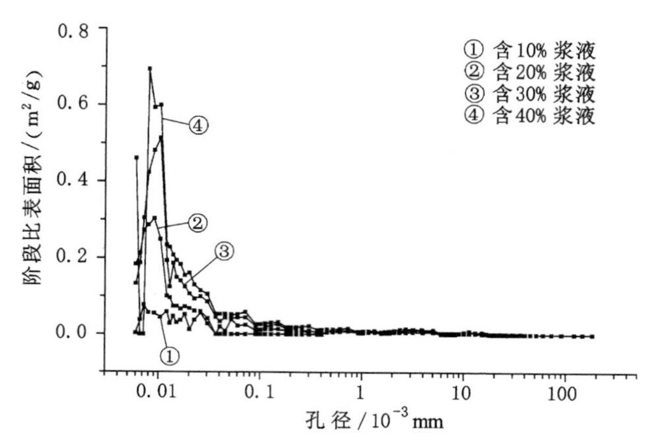

图 6-16　粗砂不同充填程度化学浆液固砂体阶段孔比表面积曲线

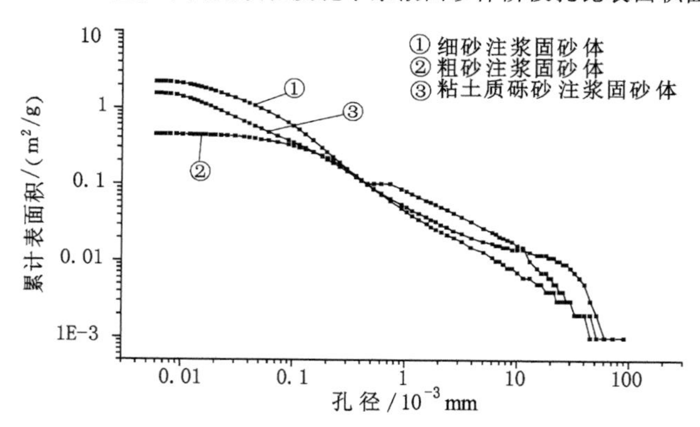

图 6-17　化学注浆固砂体累计孔比表面积曲线

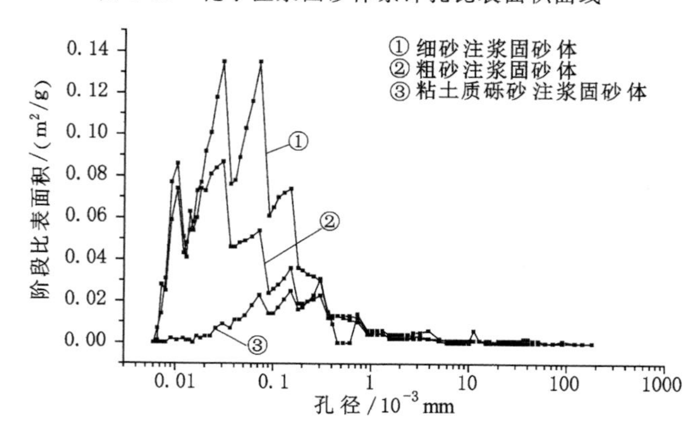

图 6-18　化学注浆固砂体阶段孔比表面积曲线

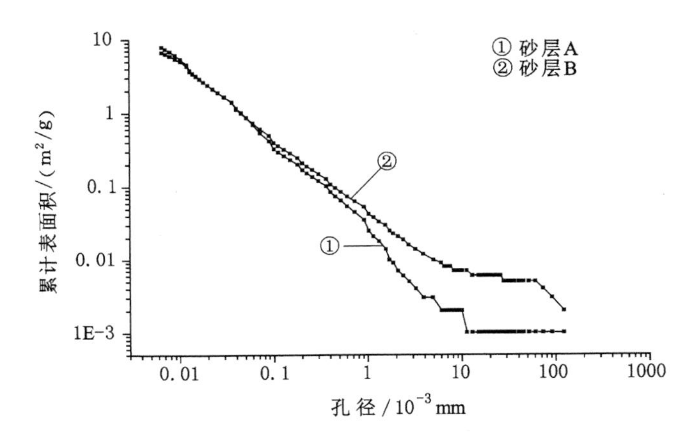

图 6-19 化学注浆半胶结砂岩模型样品累计孔比表面积曲线

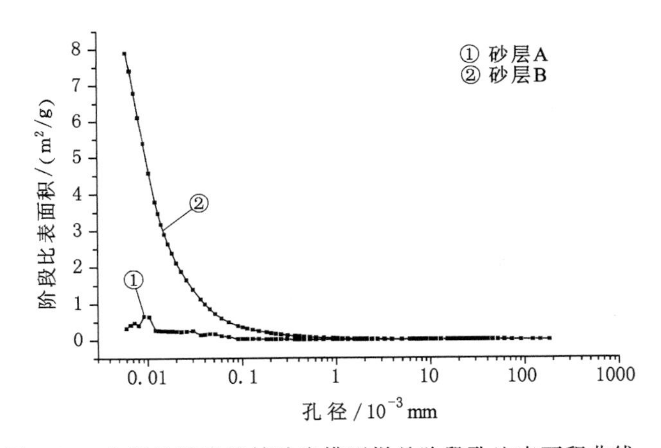

图 6-20 化学注浆半胶结砂岩模型样品阶段孔比表面积曲线

程度化学浆液固砂体微孔的比表面积占 55.0%～87.0%、过渡孔的比表面积占 6.5%～28.9%，中孔的比表面积占 3.1%～21.8%、大孔的比表面积占 2.5%～16.8%；粗砂不同充填程度化学浆液固砂体微孔的比表面积占 63.9%～91%、过渡孔的比表面积占 1.8%～20.8%；半胶结砂岩主要分布于微孔，其比表面积占 78.6%～82.3%、过渡孔的比表面积占 15.3%～19.1%。

表 6-5　　化学注浆固砂体压汞法比表面积

<table>
<tr><th rowspan="2">编号</th><th colspan="6">孔隙比表面积/(m^2/g)；占总面积比例/%</th></tr>
<tr><th>S_1
(S_1/S_t)</th><th>S_2
(S_2/S_t)</th><th>S_3
(S_3/S_t)</th><th>S_4
(S_4/S_t)</th><th>S_5
(S_5/S_t)</th><th>S_t</th></tr>
<tr><td>011</td><td>0.022
4.2</td><td>0.065
12.5</td><td>0.114
21.8</td><td>0.034
6.5</td><td>0.287
55.0</td><td>0.522</td></tr>
<tr><td>012</td><td>0.008
0.9</td><td>0.157
16.8</td><td>0.122
13.0</td><td>0.270
28.9</td><td>0.378
40.4</td><td>0.935</td></tr>
<tr><td>013</td><td>0.005
0.1</td><td>0.200
5.0</td><td>0.214
5.3</td><td>0.421
10.5</td><td>3.178
79.1</td><td>4.018</td></tr>
<tr><td>014</td><td>0.01
0.1</td><td>0.194
2.5</td><td>0.236
3.1</td><td>0.563
7.3</td><td>6.721
87</td><td>7.724</td></tr>
<tr><td>110</td><td>0.015
1.5</td><td>0.064
6.4</td><td>0.08
8.0</td><td>0.209
20.8</td><td>0.634
63.3</td><td>1.002</td></tr>
<tr><td>120</td><td>0.022
0.9</td><td>0.106
4.4</td><td>0.045
1.9</td><td>0.042
1.8</td><td>2.184
91</td><td>2.399</td></tr>
<tr><td>130</td><td>0.018
0.5</td><td>0.137
3.4</td><td>0.101
2.5</td><td>0.468
11.7</td><td>3.269
81.9</td><td>3.993</td></tr>
<tr><td>140</td><td>0.027
0.6</td><td>0.115
2.4</td><td>0.165
3.4</td><td>0.590
12.1</td><td>3.961
81.5</td><td>4.858</td></tr>
<tr><td>202</td><td>0.016
3.7</td><td>0.065
14.8</td><td>0.135
30.8</td><td>0.198
45.2</td><td>0.024.
5.5</td><td>0.438</td></tr>
<tr><td>302</td><td>0.014
0.6</td><td>0.037
1.7</td><td>0.208
9.4</td><td>1.108
50.0</td><td>0.851
38.3</td><td>2.218</td></tr>
<tr><td>401</td><td>0.007
0.4</td><td>0.037
2.4</td><td>0.162
10.5</td><td>0.543
35.2</td><td>0.794
51.5</td><td>1.543</td></tr>
<tr><td>A</td><td>0.001
0.1</td><td>0.02
0.3</td><td>0.131
1.9</td><td>1.272
19.1</td><td>5.227
78.6</td><td>6.651</td></tr>
<tr><td>B</td><td>0.007
0.1</td><td>0.031
0.4</td><td>0.151
1.9</td><td>1.208
15.3</td><td>6.502
82.3</td><td>7.899</td></tr>
</table>

S_1、S_2、S_3、S_4 和 S_5 分别为＞10 000 nm，1 000～10 000，200～1 000，30～200，＜30 nm 对应的孔比表面积，S_t 为总孔比表面积。

6.2.1.4　孔隙连通性

根据退汞效率和退汞曲线特点可以判断孔隙的连通性。开放孔具有压汞滞后环，封闭孔由于退汞压力与进汞压力相等不具有滞后环。图 6-21～图 6-23为几种化学注浆固砂体的进汞和退汞压力曲线。

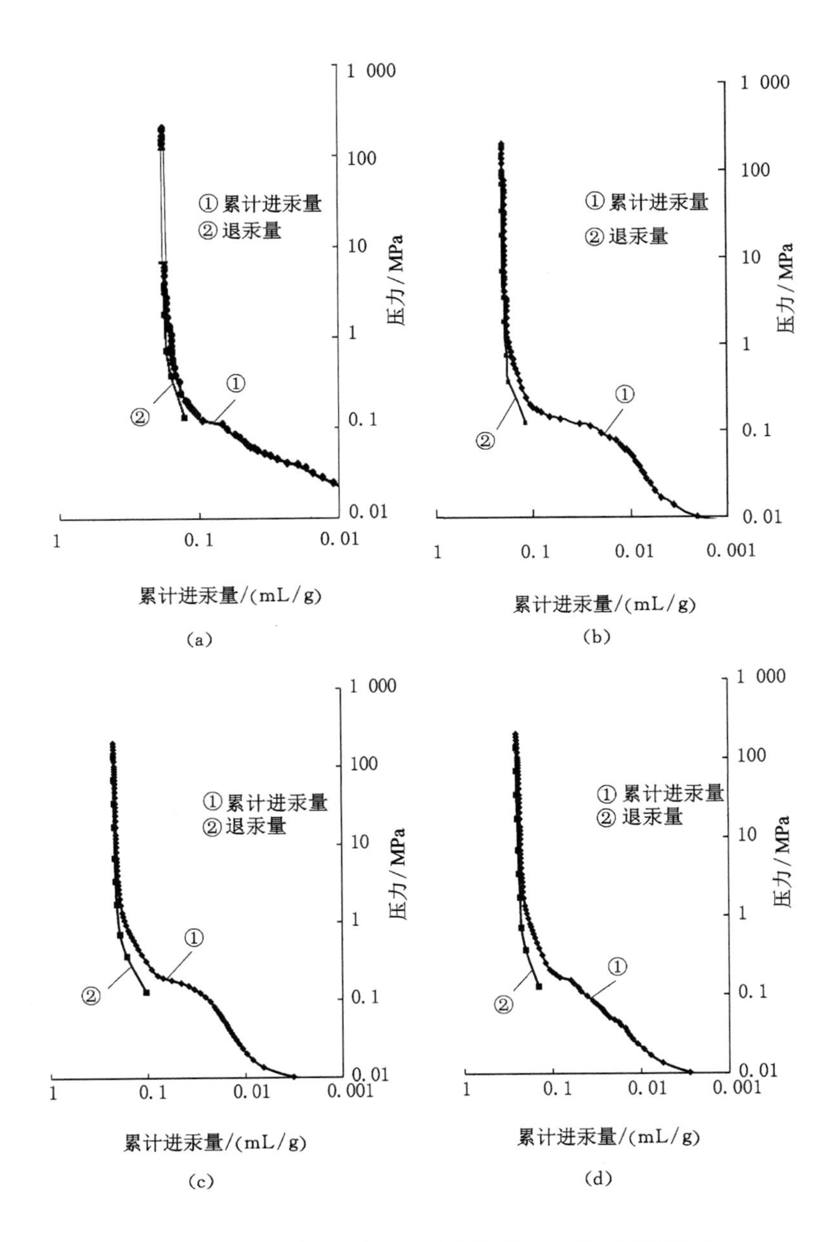

图 6-21 细砂不同充填程度化学浆液固砂体压汞滞后环

(a) 样品编号 011;(b) 样品编号 012;(c) 样品编号 013;(d) 样品编号 014

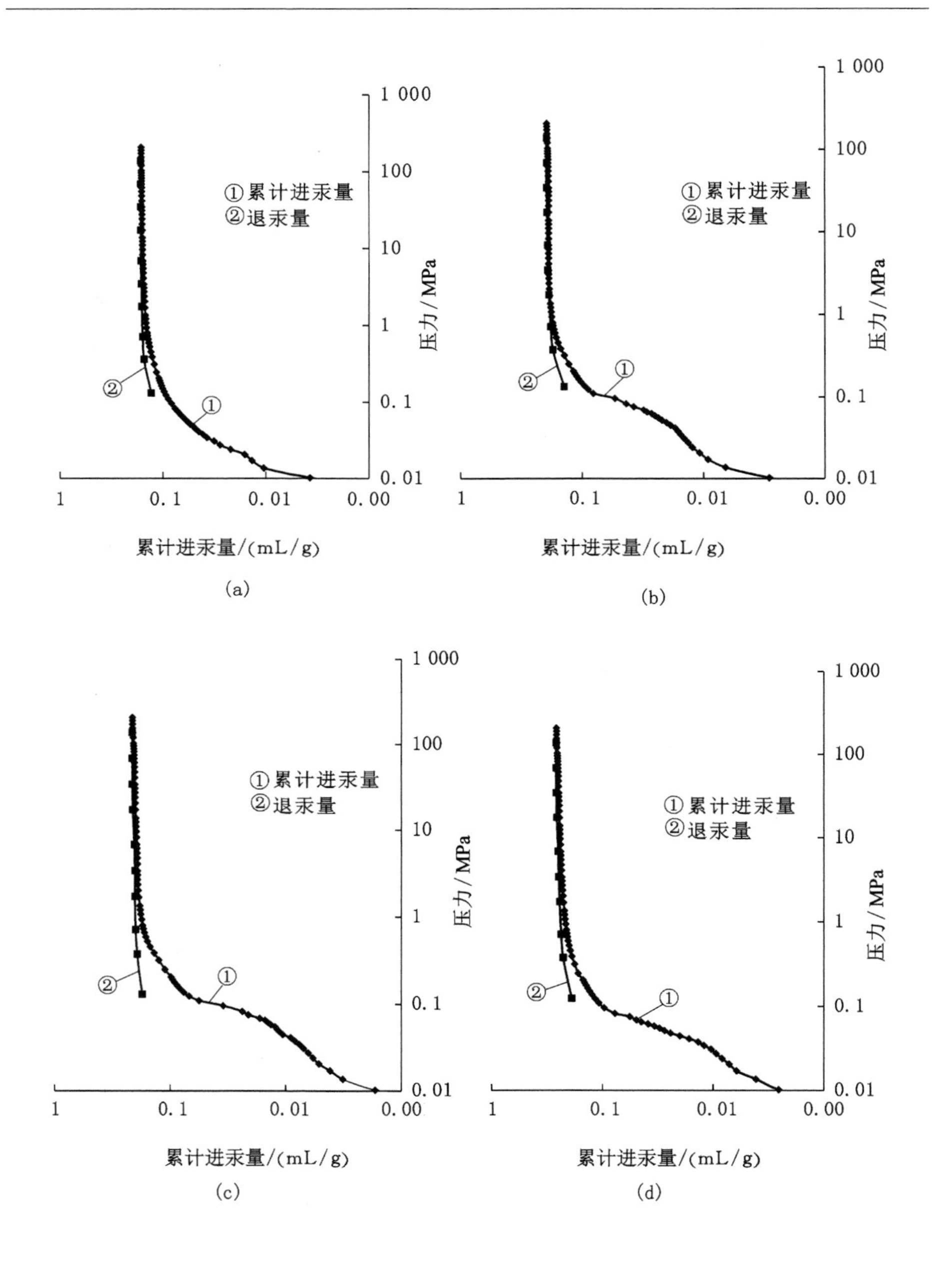

图 6-22 粗砂不同充填程度化学浆液固砂体压汞滞后环

(a) 样品编号 110;(b) 样品编号 120;(c) 样品编号 130;(d) 样品编号 140

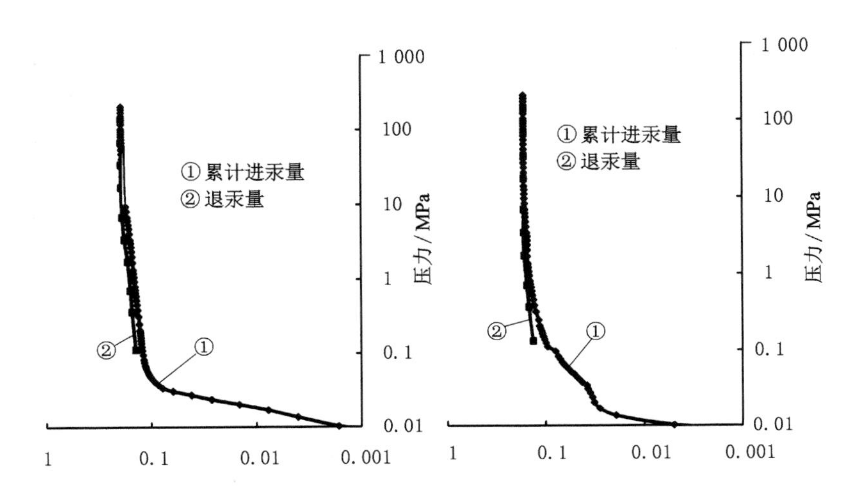

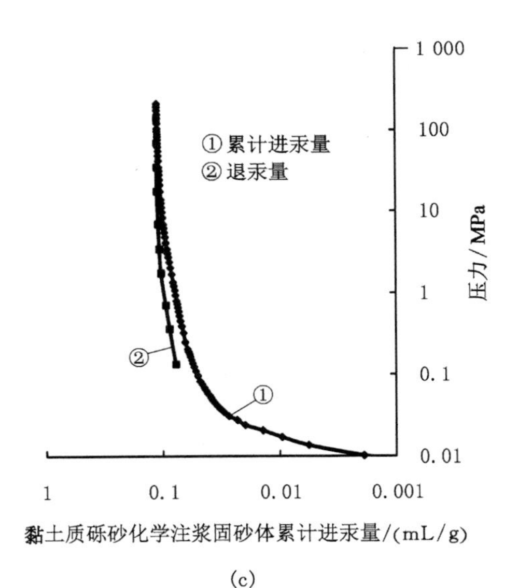

图 6-23 化学注浆固砂体压汞滞后环

(a) 样品编号 302;(b) 样品编号 202;(c) 样品编号 401

可见，进汞曲线和退汞曲线的形状类似，表明砂样化学注浆体孔隙连通性好，以开孔为主，少量半封闭孔隙。

图 6-24 为半胶结砂岩注浆模型样品，显示出明显不同的压汞滞后环，退汞曲线呈现“突降”特点，表明样品内存在着细颈瓶孔，但是连通性变差，A 层的总孔隙体积较 B 层小，反映了 A 层注浆后充填程度高于 B 层。

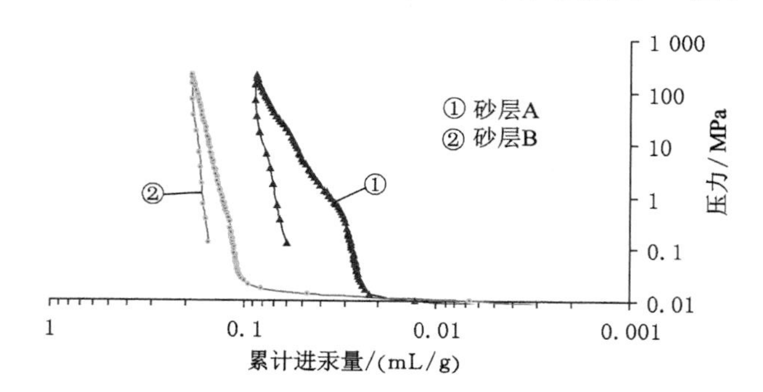

图 6-24 化学注浆半胶结砂岩模型样品压汞滞后环

6.2.2 化学注浆固砂体的微孔隙喉道形貌特征

张绍槐将孔喉及其组合分为粗喉道、中喉道、细喉道和微喉道四种类型，对应的孔隙中值界限也列于表 6-6 中[144]。

表 6-6 孔喉分类及孔喉组合类型表

类型	喉道分级界限(半径)/μm	孔隙中值界限(直径)/μm
孔隙类型	粗喉道>7.5	大孔型>60
	中喉道 7.5～0.62	中孔型 60～30
	细喉道 0.61～0.063	小孔型 30～10
	微喉道<0.063	微孔型<10
孔喉组合类型	A1 粗喉道——B1 大孔型	A1B1 型 A1B2 型
	A2 中喉道——B2 中孔型	A2B1 型 A2B2 型 A2B3 型
	A3 细喉道——B3 小孔型	A3B2 型 A3B3 型 A3B4 型
	A4 微喉道——B4 微孔型	A4B3 型 A4B4 型

研究表明，不同类型孔隙、喉道组成的储集空间，渗透率存在较大差异，物性差异正是孔喉特征差异的一种具体表现[145]。通过研究微孔隙吼道的形貌特征，包括颗粒成分、形状与大小等，化学浆液颗粒大小、结构，空隙的大小、连

通情况等，颗粒间的接触关系，颗粒和浆液的接触关系，颗粒、浆液、颗粒浆液界面的破裂现象等，对比分析化学注浆固砂体渗透性的差异和微孔隙喉道之间的关系，为渗透性与微结构关系研究提供依据和基础。

6.2.2.1　孔隙类型

对 SEM 图像分析，将化学注浆固结砂样的微孔隙类型可以分为颗粒粒间孔、浆液粒间孔和颗粒—浆液边界孔和颗粒溶蚀孔四种类型。

(1) 颗粒粒间孔

是指颗粒之间的孔隙没有被浆液或者没有全部被浆液充填的孔隙，例如图 6-25 的(a)、(b)、(c)和(d)为 2 个细砂样注浆渗透试验后的粒间孔隙，颗粒表面和孔隙内有浆液充填、覆盖或者堆积。孔隙尺寸大小不一，可以从几十微米到数百微米。

(2) 浆液粒间孔

是指化学浆液中间的孔隙，如图 6-25(e)和(f)为 2 个细砂注浆样品内化学浆液孔隙，(g)和(h)为 2 个粗砂注浆样品内化学浆液的孔隙，可见化学浆液内部微孔结构类似，微孔的大小比较均匀，一般大小为 1～2 μm。采用图像处理方法分析，(e)、(f)、(g)和(h)中孔隙面积占浆液面积的 17.9%、16.1%、6.5%和 13.1%，其中(e)中形成了相对集中的较大的孔隙，最大可达 10 多个微米以上。

(3) 颗粒—浆液边界孔

是指在孔隙边界的微孔，其一部分边界是砂颗粒，另一部分边界是浆液集合体，如图 6-25(i)、(j)、(k)和(l)所示。

(4) 颗粒溶蚀孔

可见图 6-25(k)和(l)以及图 6-26(d)颗粒表面的溶蚀孔，这种微孔是在渗透试验前，地质历史上颗粒运移、堆积、沉积及后生过程中形成的。

化学注浆固砂体样的微裂隙类型主要可以分为颗粒内裂隙、浆液固结体内裂隙、颗粒—浆液边界裂隙三种类型。

(1) 颗粒内裂隙

是指固体颗粒内部由于外力作用形成的裂隙，有的贯穿有的不贯穿颗粒。例如图 6-26(a)为细砂注浆体形貌，上方圆形颗粒形成的断裂裂隙，宽度达到 20 μm，贯穿颗粒，将颗粒切成两个部分，断口不整齐，表现为拉断裂隙，在其左下方颗粒中也有裂隙穿过颗粒，有的没有完全贯穿颗粒。再如，图 6-26(c)为另一细砂注浆体中间颗粒中的裂隙；图 6-26(b)左下角为粗砂化学注浆固砂体中原胶结的颗粒间产生的断裂裂隙。

(a) 302-48　(b) 302-47

(c) 303-54　(d) 303-53

(e) 302-51　(f) 303-58

图 6-25　化学注浆固砂体微孔结构类型

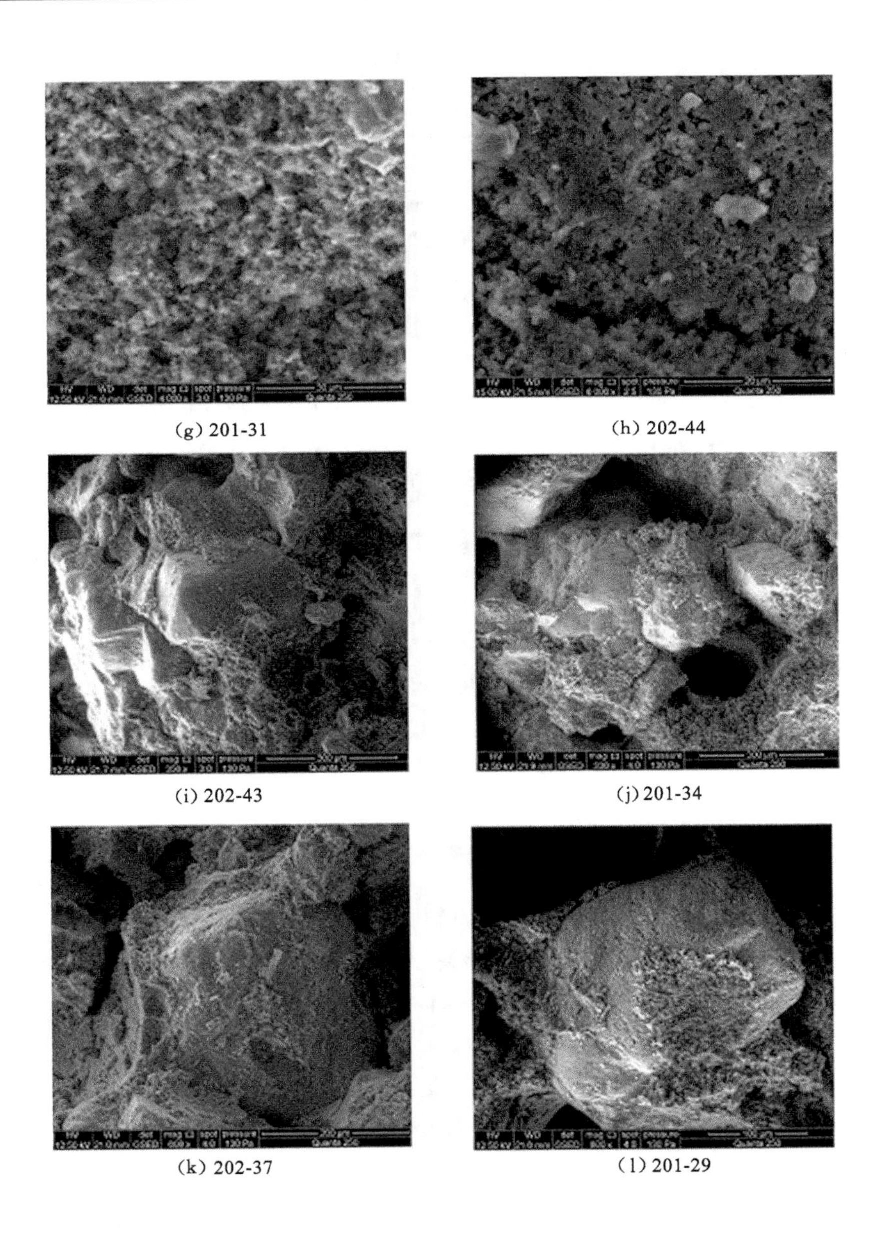

(g) 201-31

(h) 202-44

(i) 202-43

(j) 201-34

(k) 202-37

(l) 201-29

续图 6-25 化学注浆固砂体微孔结构类型

(a)～(d) 颗粒粒间孔；(e)～(h) 浆液粒间孔；(i)～(l) 颗粒—浆液边界孔

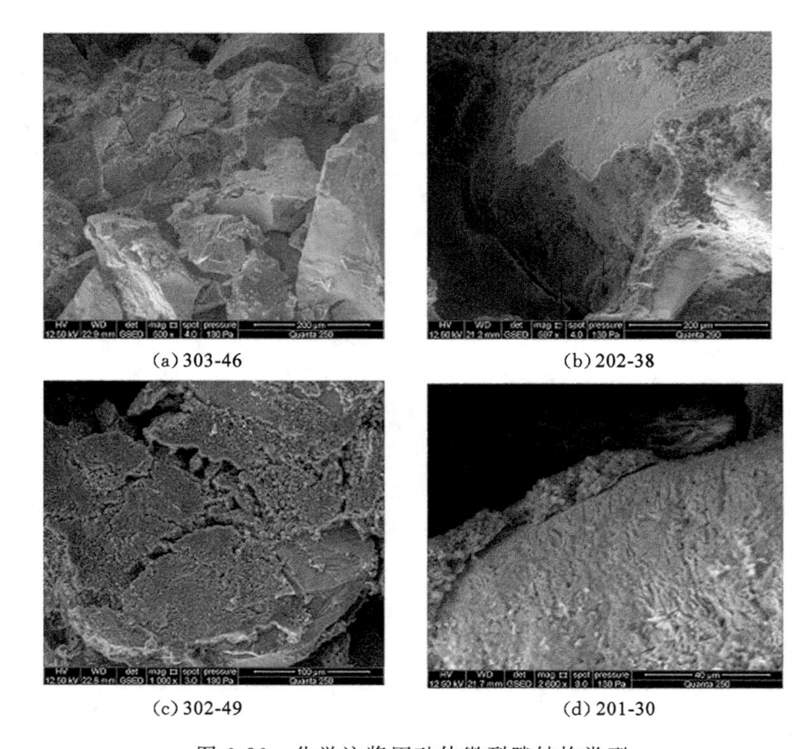

(a) 303-46　　(b) 202-38

(c) 302-49　　(d) 201-30

图 6-26　化学注浆固砂体微裂隙结构类型

(a)～(b) 颗粒内和颗粒间裂隙；(c) 浆液固结体内裂隙；(d) 颗粒—浆液边界裂隙(脱壳裂隙)

(2) 浆液固结体内裂隙

是指充填在颗粒孔隙中的浆液固结体在外力作用下产生的断裂裂隙，断裂面一般呈不规则状，反映出受拉破坏的力学机理。如图 6-25(h)为粗砂化学注浆固砂体内浆液，下方浆液固结体内微裂隙宽度约 2 μm，延展性好，断面呈不规则状；图 6-26(c)为浆液固砂体内发育多条裂隙，宽度大小不一，交叉或者呈分支状，裂隙较宽处达 2～5 μm，裂隙贯穿到孔隙，有的分支裂隙逐渐尖灭。细砂化学注浆固砂体在设定目标围压 2 000 kPa，设定目标压差 1 200 kPa 条件下，渗透试验渗透系数为 119.5×10^{-6} cm/s；当直接加围压到 2 000 kPa，设定目标压差 1 200 kPa 条件下渗透试验渗透系数为 337.4×10^{-6} cm/s，可见这种裂隙贯通性好，渗透性大。

(3) 颗粒—浆液固结体边界裂隙

是指颗粒和浆液胶结的界面，在外力作用下发生脱离，在颗粒和浆液之间界面形成的裂隙,也可称为脱壳裂隙。图 6-26(d)为粗砂化学注浆固砂体内颗粒与浆液固砂体之间的脱壳裂隙。

不同充填程度化学浆液固砂体内的微孔隙和微裂隙分布情况,孔隙类型和裂隙类型与化学注浆固砂体类似,但是由于两种样品的制样方式不同,分布的具体情况也有差异。比如表现在砂样与浆液混合体的颗粒间孔隙充填较好,这与制样时采用搅拌有关,而注浆体则是浆液在压力作用下,沿着渗透路径渗透沉淀、固结生成的,因此,其充填情况取决于浆液渗透路径分布。

图 6-27 为不同充填程度化学浆液固砂体内的微孔隙和微裂隙特征。如图 6-27(a)所示,浆液灌注量为 40%(质量比)的细砂颗粒间充填较好,图 6-27(b)为粗砂与 20%浆液混合砂样的颗粒间孔隙,大部分也被浆液充填。

图 6-27(c)和(d)分别为粗砂与 20%浆液混合砂样、细砂与 40%浆液混合砂样中浆液固结体部分的微结构特征,颗粒大小、孔隙直径等和注浆形成的浆液固结体类似,孔隙面积所占比例分别为 13.2%和 19.9%。

颗粒—浆液边界孔,如图 6-27(e)、(f)所示,同样可见,由于浆液充填较多,此类孔隙不发育。

颗粒内的微裂隙如图 6-27(g)、(h)、(i)、(j)所示,(g)中裂隙贯穿颗粒,(h)中的裂隙平直,是受力后沿原结构面薄弱环节开裂的,(i)和(j)中裂隙贯穿颗粒,裂隙面粗糙,表现出拉伸破坏的特点。

颗粒—浆液交界面裂隙(脱壳裂隙)如图 6-27(k)、(l)所示,(l)中右面还存在浆液固结体内部微裂隙。

不同微裂隙和微孔隙可以同时出现在同一个注浆体中,组合成注浆体复杂的孔隙结构。如图 6-27(m)中可见颗粒和浆液边界裂隙(脱壳裂隙)、颗粒—浆液边界孔隙等,图 6-27(n)中可见颗粒内部的微裂隙(中间颗粒)、浆液固结体内部微裂隙(右上角浆液固结体内)、颗粒—浆液边界裂隙(中间颗粒、左边颗粒周围)。

6.2.2.2 喉道类型

对储集岩立体孔隙系统研究表明,控制储层渗透能力的主要是喉道、主流喉道的形状与大小以及孔隙连通的喉道数目。罗蛰潭、王允诚在研究油气储集层结构时,根据不同的接触类型和胶结类型,把碎屑岩中的孔隙喉道分为五种类型(图 6-28),即:① 孔隙缩小部分成为喉道;② 可变断面收缩部分成为喉道;③ 片状喉道;④ 弯片状喉道;⑤ 管束状喉道[146]。

化学注浆固砂体的孔隙结构形貌前面已经叙述,由于砂颗粒和浆液固结体颗粒尺寸上的差异,造成了孔喉尺寸的差异性比较大,因此,会形成两级或

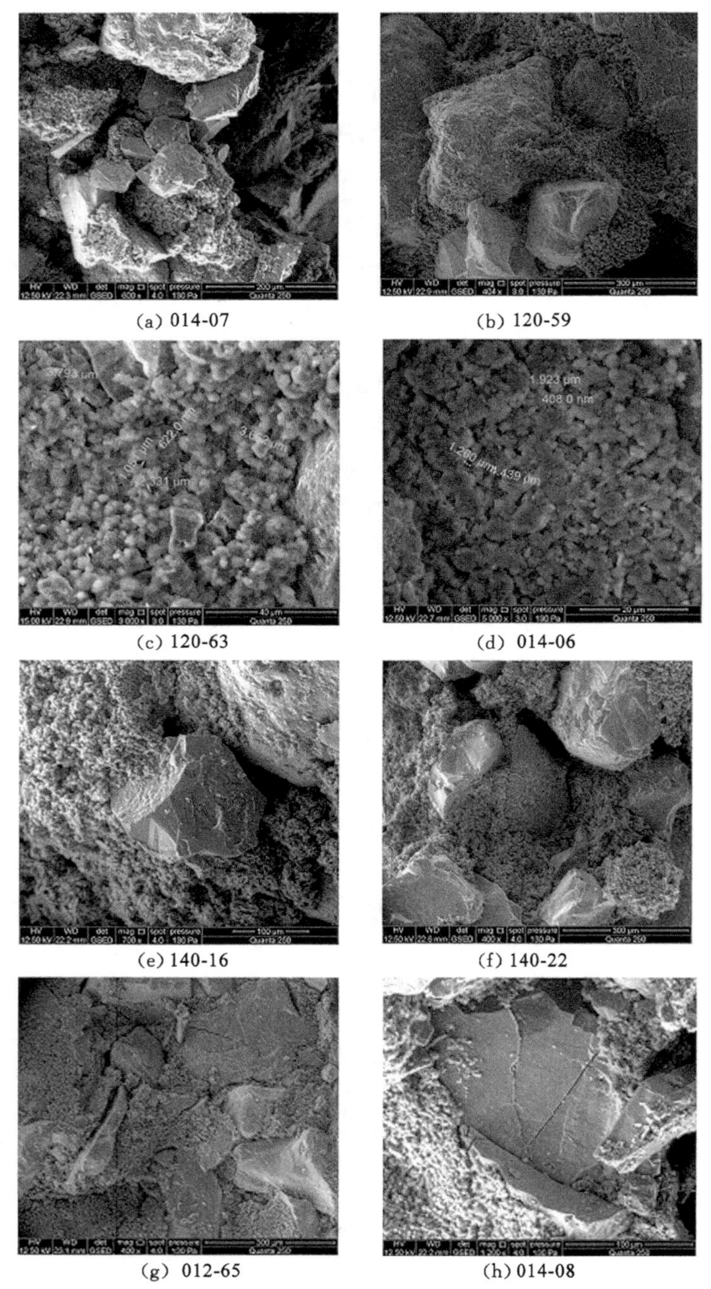

(a) 014-07　(b) 120-59

(c) 120-63　(d) 014-06

(e) 140-16　(f) 140-22

(g) 012-65　(h) 014-08

图 6-27　不同充填程度化学浆液固砂体微孔隙和微裂隙结构类型

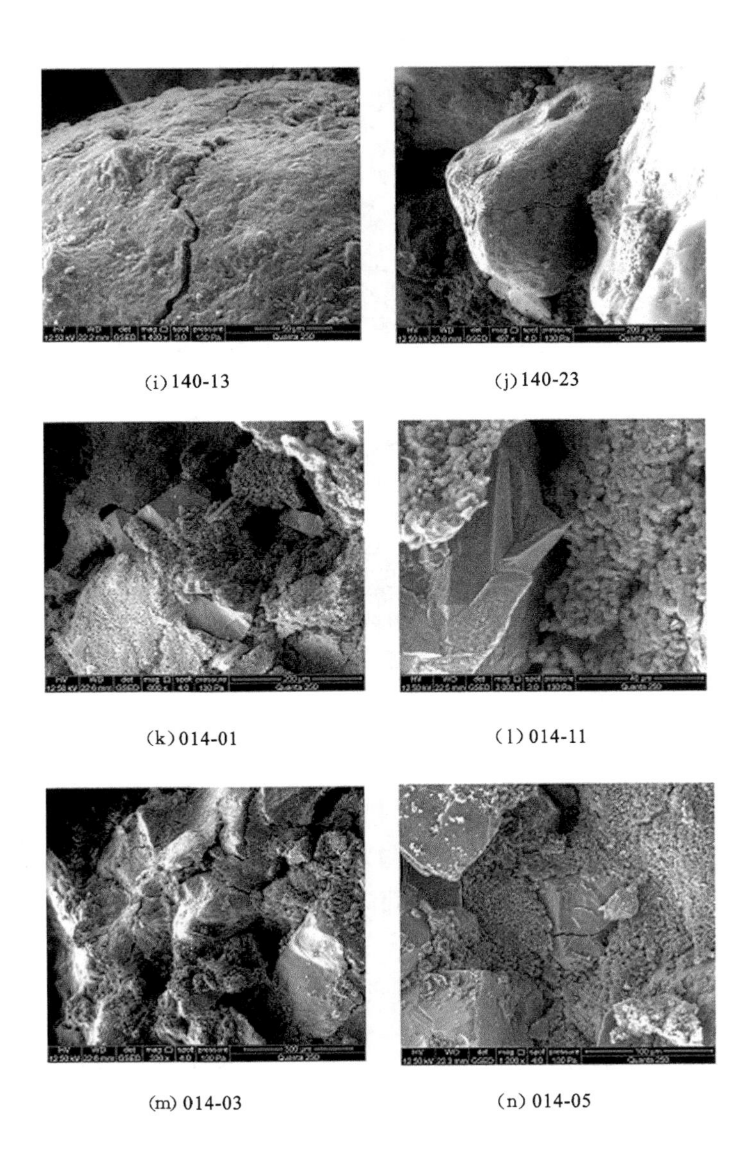

(i) 140-13　　(j) 140-23

(k) 014-01　　(l) 014-11

(m) 014-03　　(n) 014-05

续图 6-27　不同充填程度化学浆液固砂体微孔隙和微裂隙结构类型

(a)、(b) 颗粒粒间孔；(c)、(d) 浆液粒间孔；(e)、(f) 颗粒—浆液边界孔；(g)～(j) 颗粒内微裂隙；(k)、(l) 颗粒—浆液边界裂隙(脱壳裂隙)；(m)、(n) 微孔隙、微裂隙组合

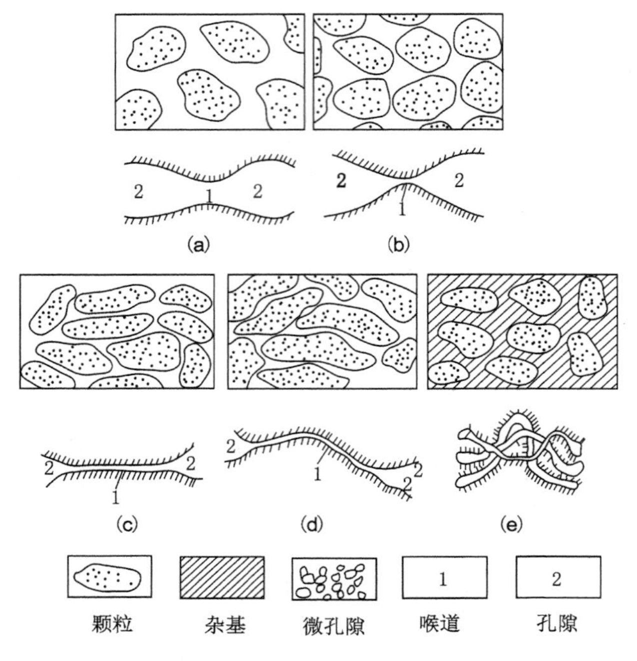

图 6-28　碎屑岩孔隙喉道类型示意图[146]

(a) 喉道是孔隙的缩小部分；(b) 可变断面收缩部分是喉道；
(c) 片状喉道；(d) 弯片状喉道；(e) 管束状喉道

者三级喉道结构。

对于浆液固结体而言，由于颗粒相对均匀，形状近似，形成的孔隙大小差异也不大，当然也有局部尺寸较大的孔隙或者裂隙。总体而言，化学注浆固砂体喉道类型，主要以尺寸介于数 nm 到数 μm 的管束状喉道为主[图 6-25(f)、图 6-26(c)、(d)]，这种管束状的喉道使得渗透路径增长、渗透性降低，但是其中的裂隙会形成片状或者弯片状喉道[图 6-25(h)和图 6-26(c)]。图 6-29 为采用图像分析得到的浆液孔隙分布情况，由图可见浆液颗粒固结体间的孔隙连通情况很差，喉道延展长度短，主要形成管束状、渗透途径较长的喉道。

对于颗粒间孔隙而言，由于原有喉道被化学浆液部分地或者全部地充填，使得原尺寸较大的喉道变得细小甚至消失，取而代之的是浆液内部的小级别的喉道或者剩余喉道与浆液喉道共同组成的喉道系统。如图 6-25(a)颗粒的磨圆度较好，原有喉道被化学浆液充填较好；图 6-25(b)颗粒以棱角状为主，颗粒的接触关系为点—线状、线—线状、线—面状、面—面状接触，原喉道没有被完全充填。图 6-25(c)和(d)颗粒以棱角状为主,颗粒间孔隙喉道大部分被充填,剩余喉道尺寸小,连通性差。图 6-25(i)几乎全部被浆液充填,喉道尺寸就取决于化学浆液固结体部分的细小喉道。

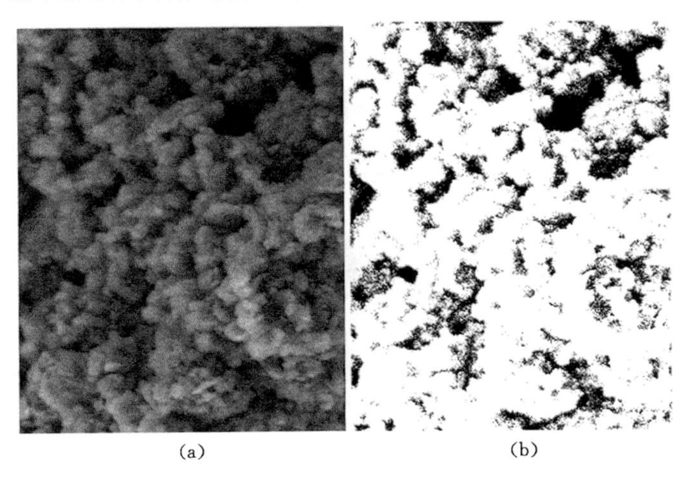

(a) (b)

图 6-29 浆液内部孔隙及二值化分析(014-10)
(a) 浆液内部孔隙原始图像;(b) 二值化图像分析

图 6-26(a)、(b)、(c)、(d)颗粒内裂隙、浆液固结体内裂隙、颗粒—浆液边界裂隙形成了新的渗透通道,并起到了贯通原颗粒间喉道和浆液固结体内部喉道的作用,使得渗透性大大增强。从图 6-30 可以清晰地看到颗粒—浆液界面裂隙(脱壳裂隙)成为沟通孔隙的重要通道。

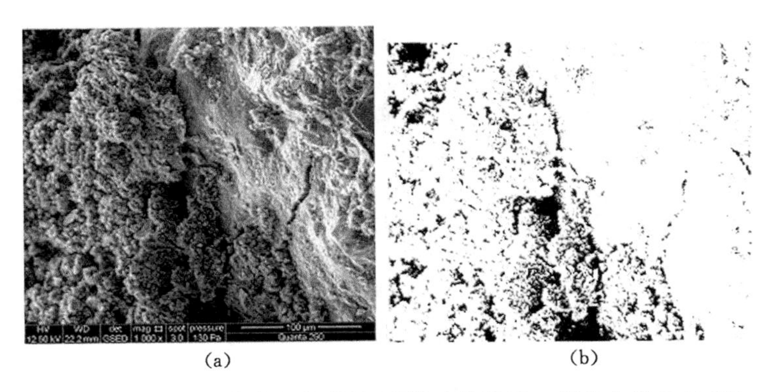

(a) (b)

图 6-30 颗粒—浆液边界裂隙、浆液内孔隙及二值化分析(140-15)
(a) 颗粒—浆液边界、浆液内孔隙裂隙图像;(b) 二值化图像分析

针对不同的研究角度和应用目的，许多学者提出了岩石的孔喉模型，例如孙黎娟采用图 6-31 所示孔喉概念模型推导配位数，计算时假设喉道长度等于孔隙直径，这是一种理想状态[147]。张立娟等建立的孔喉模型如图 6-32 所示[148]。曹仁义等首先将渗流通道简化为变截面孔喉模型，根据变截面喉道直径分布，将黏弹性聚合物溶液通过孔喉过程分为三个阶段（图 6-33）：Ⅰ——入口收敛阶段；Ⅱ——喉道通过阶段；Ⅲ——挤出孔喉阶段[149]。童凯军等利用毛细管束模型（图 6-34）来模拟推导储层渗透率[150]。

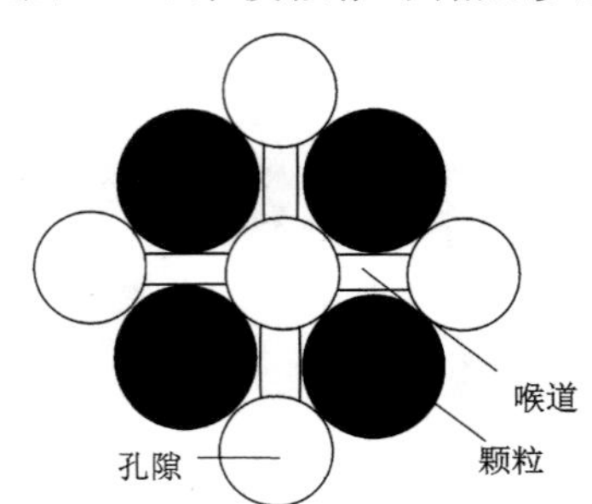

图 6-31　孔喉简化模型[147]

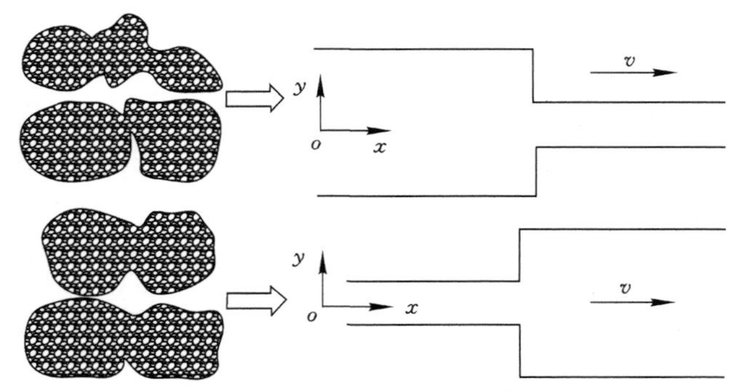

图 6-32　孔喉和孔喉模型[148]

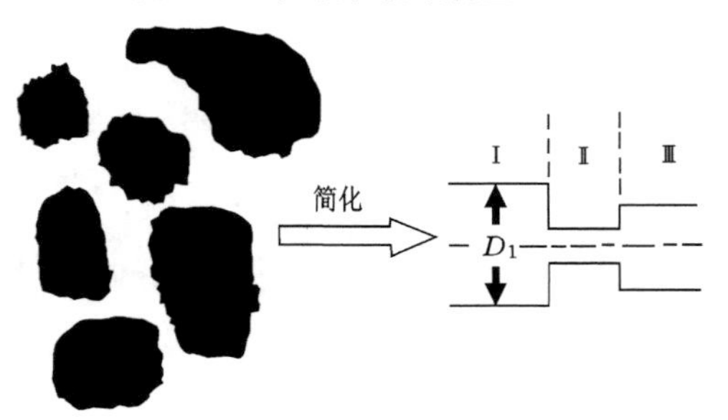

图 6-33　简化孔喉模型[149]

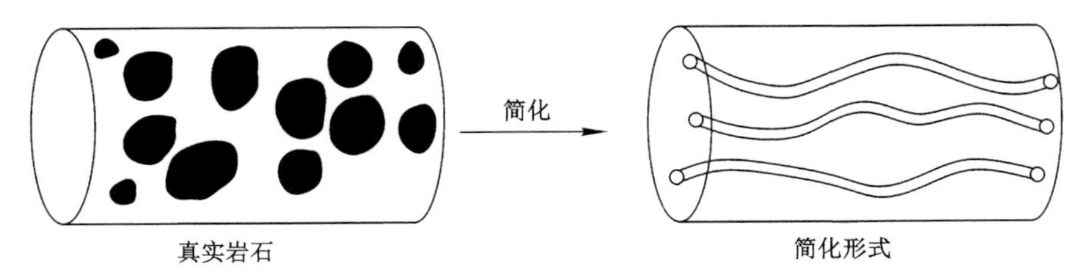

图 6-34 岩石孔隙结构毛细管束模型示意图[150]

根据以上对化学注浆固砂体的微孔喉特征分析，对于化学浆液固砂体来说，孔喉简化模型应是一个复杂的孔隙喉道组成的网络系统，该系统包括以下部分：颗粒间孔隙(被充填或者部分被充填)、浆液固结体粒间孔隙、颗粒内的溶蚀孔隙、颗粒内部裂隙、浆液固结体内部裂隙、颗粒—浆液界面裂隙等。图 6-27(n)是一个典型的包括上述孔隙和裂隙的网络，为描述方便将其放大在图 6-35(a)中，图 6-35(b)是其二值化图像，图 6-35(c)是标出的孔隙和裂隙，可以

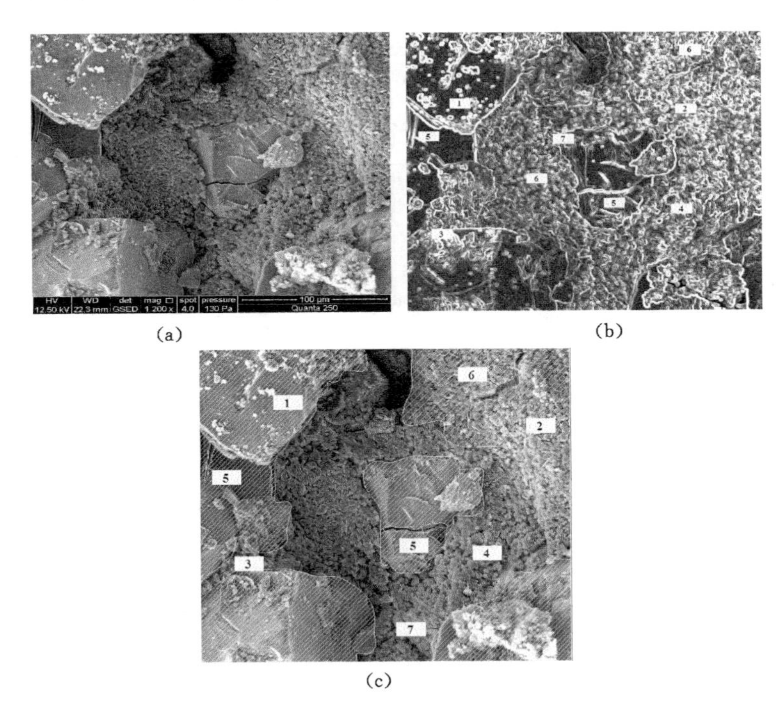

图 6-35 化学注浆孔隙孔喉结构网络实例

(a) 014-05 扫描电镜图像；(b) 孔隙、裂隙识别图像；(c) 网络结构

代表一个典型的化学注浆固砂体样的孔隙孔喉结构特征。图 6-36 为化学注浆固砂体的孔隙结构网络概化模型，从这个模型我们可以清楚地看到，决定化学注浆体渗透性的主要因素，即充填程度和颗粒、浆液、脱壳裂隙应该起到主导作用。

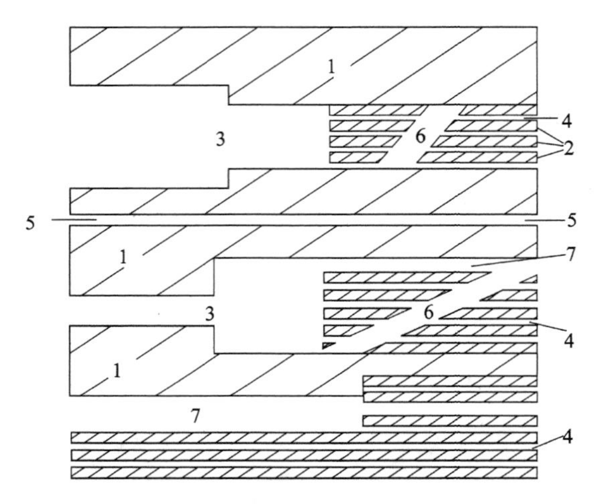

图 6-36　化学注浆固砂体孔隙孔喉结构概念模型

1——颗粒；2——浆液颗粒；3——颗粒间孔隙；4——浆液间孔隙；

5——颗粒内裂隙；6——浆液内裂隙；7——颗粒—浆液界面裂隙(脱壳裂隙)

6.3　渗透性与微观结构关系分析

6.3.1　微孔隙结构特征与渗透性

压汞试验获得化学注浆体孔隙结构特征参数与试验得到的渗透系数之间的关系，见表 6-7 所示。

表 6-7　化学注浆固砂体孔隙结构基本特征参数

编号	总孔隙体积 /(cm^3/g)	总孔比表面积 /(m^2/g)	体积中值孔径 /nm	面积中值孔径 /nm	平均孔径 /nm	孔隙率 /%	渗透系数 K /(10^{-6} cm/s)	
							注浆后	注浆前
011	0.176 7	0.522	10 420.5	26.0	1 353.33	27.26	38.99	310.26
012	0.202 6	0.935	6 355.5	50.4	866.9	30.09	11.77	310.26

续表 6-7

编号	总孔隙体积/(cm^3/g)	总孔比表面积/(m^2/g)	体积中值孔径/nm	面积中值孔径/nm	平均孔径/nm	孔隙率/%	渗透系数 K/(10^{-6} cm/s)	
							注浆后	注浆前
013	0.220 4	4.018	3 455.2	10.4	219.4	31.06	6.99	310.26
014	0.254	7.724	4 158.5	9.3	131.6	33.13	6.38	310.26
110	0.161 5	1.002	13 587.4	19.1	645.0	25.24		404.26
120	0.194 8	2.399	8 880.0	10.0	324.9	28.96	42.69	404.26
130	0.211 5	3.993	5 332.5	11.9	211.9	30.36	9.20	404.26
140	0.260 2	4.858	8 180.1	12.4	214.2	33.22	10.62	404.26
202	0.167 1	0.438	12 414.7	197.7	1 526.6	26.18	22.99	404.26
302	0.191 9	2.218	288 753.9	43.2	346.1	28.92	119.5	310.26
401	0.112	1.543	8 951.0	29.0	288.2	18.72	87.94	435.00
A1	0.0871	6.651	510.2	13.3	52.4	15.49	0.026～17.2	88.65
B1	0.1860	7.899	63131.3	11.7	94.2	28.35	7.82～79.99	317.492

各指标间存在如下关系：

(1) 随浆液含量的增加，含不同化学浆液量的砂固结体的总孔隙体积、总孔比表面积也增加，孔隙率也随浆液含量增加而增大，见图 6-37 所示。体积中值孔径、平均孔径随含浆液含量增加减小，浆液含量 10%时体积中值孔径最大；渗透系数也随浆液含量增加而减小，见图 6-38 所示。

(2) 对于三种注浆砂样，在同样的围压和同样渗透压差条件下，渗透试验后的样品，呈现细砂化学注浆固砂体总孔隙体积、总孔比表面积、体积中值孔径、孔隙率高于粗砂化学注浆固砂体，面积中值孔径、平均孔径低于粗砂化学注浆固砂体，其渗透系数也高于粗砂化学注浆固砂体，推断原因是粗砂注浆前孔喉尺寸大，浆液渗透扩散好，浆液充填好。黏土质砾砂由于注浆时浆液难以注入，浆液没有能够扩散到孔隙中，渗透系数降低不明显。

(3) 模型试验半胶结砂岩砂层 B 的孔隙率、平均孔径等高于砂层 A 的孔隙率和平均孔径，砂层 B 的渗透系数大于砂层 A 的渗透系数。

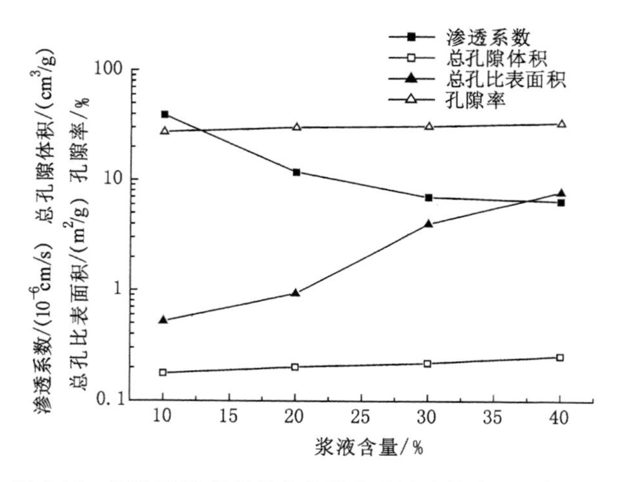

图 6-37 细砂不同充填程度化学浆液固砂体渗透系数与微结构参数（孔隙率、孔总比表面积、总孔隙体积）的关系

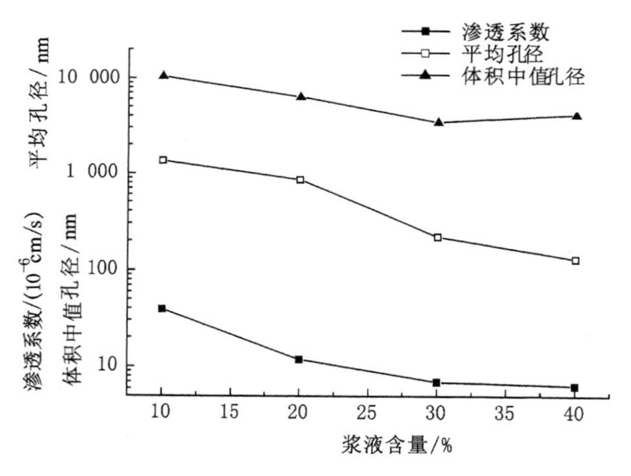

图 6-38 细砂不同充填程度化学浆液固砂体渗透系数与微结构参数（平均孔径、体积中值孔径）的关系

表 6-8 为根据扫描电镜图像分析获得的扫描图像的特征，由于扫描域所限，不一定完全反映试样整体结构特性，但是也可以从一个侧面反映孔隙结构对渗透性的影响。图 6-39 为渗透系数和浆液中孔隙面积所占浆液面积的比例与浆液面积占分析区域总面积比例的乘积，可见渗透系数也与之呈正比关系。

表 6-8　　扫描电镜图像分析成果

编号	渗透系数/(10^{-6}cm/s)	图像编号	分析内容			图像编号	分析内容
			颗粒面积占分析区域总面积/%	颗粒与浆液之间的孔隙面积占分析区域总面积/%	浆液面积占分析区域总面积/%		浆液中的孔隙面积占浆液面积的百分比/%
012	11.773	070	39.39	9.60	50.01	069	8.82
140	10.625	020	45.84	3.99	50.17	015	12.51
120	42.699	064	44.21	1.30	54.49	061	13.22
302	119.5	046	38.32	3.35	58.33	051	17.87
301	402.5	055	39.27	5.43	55.30	058	16.01
201	18.16	025	36.56	4.01	59.43	031	6.50
202	22.998	043	37.52	4.87	57.61	044	13.10

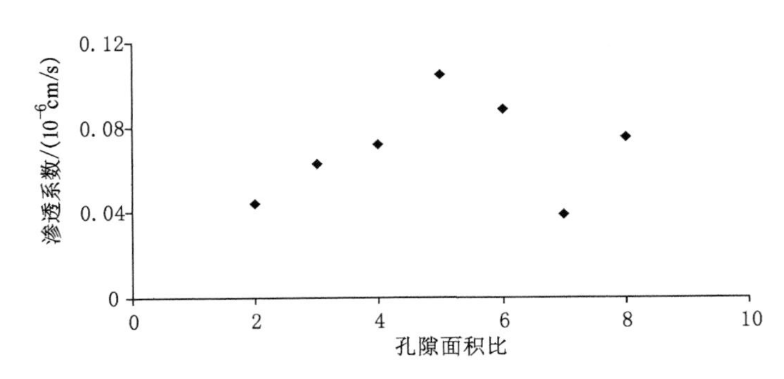

图 6-39　渗透系数和孔隙面积比的关系

6.3.2　微孔隙连通性与渗透性

压汞试验获得的化学注浆固砂体的孔隙连通基本特征参数见表 6-9。可见:① 渗透率与门槛压力关系有成反比的趋势,如图 6-40 所示;退汞效率与孔隙喉道比成反比关系,如图 6-41 所示;② 细砂不同充填程度化学浆液固砂体渗透系数与孔隙喉道比成正比关系,见图 6-42 所示;③ 分析细砂不同充填程度化学浆液固砂体化学注浆体孔隙结构基本特征参数(表 6-7)与孔隙连通性基本特征参数(表 6-9)与渗透系数关系可见,随着孔隙喉道比、体积中值孔径、平均孔径增加,渗透系数增加,如图 6-43 所示。

表 6-9　　化学注浆固砂体孔隙连通性基本特征参数

编号	渗透率/mD	退汞效率/%	孔隙喉道比	弯曲系数	渗透系数 K /(10^{-6} cm/s)	门槛压力/kPa
011	109.0689	0.2865	36.9781	10.2765	38.997	41.169
012	29.050 7	0.406 2	24.494 9	14.058 5	11.773	145.378
013	305.873 3	0.5304	5.9785	5.198 8	6.996	9.585
014	239.610 3	0.437 8	4.055 6	2.042	6.381	12.896
110	253.988 7	0.196 3	63.747 3	8.898 9	未测	23.929
120	290.671	0.2782	9.0351	6.0815	42.699	13.585
130	38.557 2	0.177 8	8.491 6	2.073	9.206	103.233
140	82.204 8	0.273 6	8.295 4	10.540 5	10.625	82.407
202	874.969 8	0.195 1	88.920 2	5.381 7	22.998	11.585
302	572.383 7	0.269 9	15.009 5	6.697 2	119.5	30.480
401	215.724 3	0.302 2	17.489	8.559 5	87.947	20.412

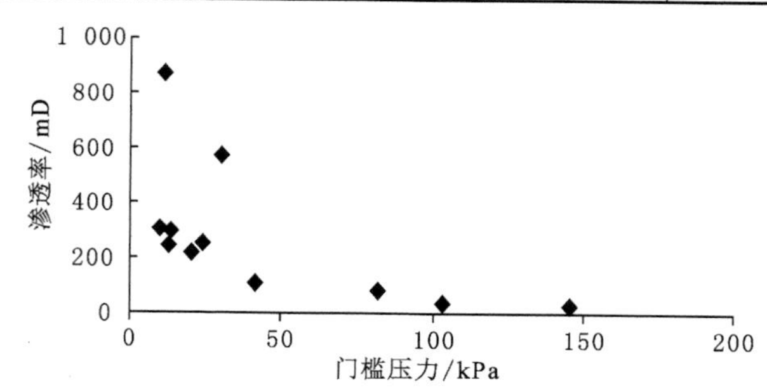

图 6-40　渗透率与门槛压力关系

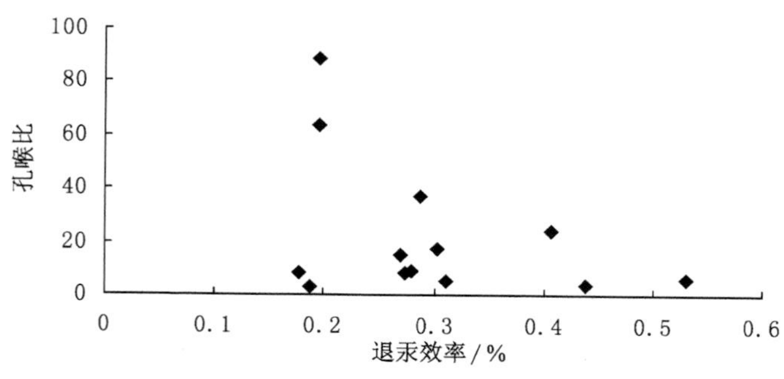

图 6-41　退汞效率与孔隙喉道比关系

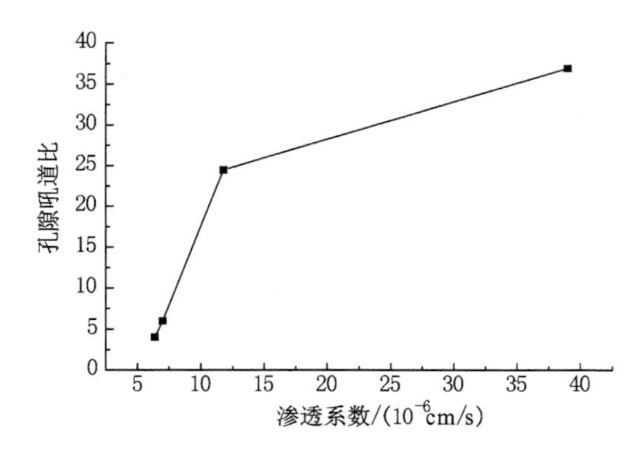

图 6-42 细砂不同充填程度化学浆液固砂体渗透系数与孔隙喉道比关系

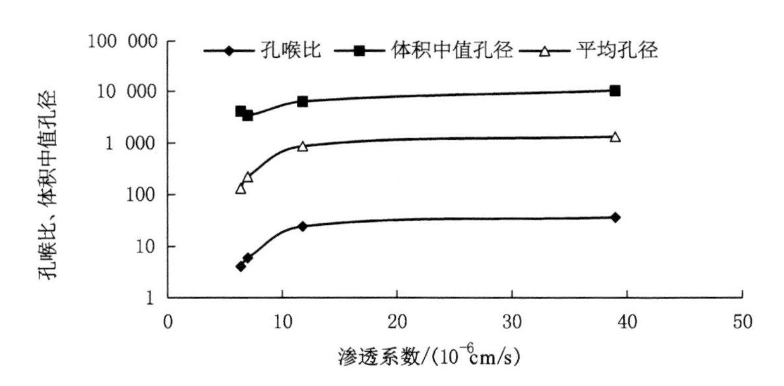

图 6-43 细砂不同充填程度化学浆液固砂体渗透系数与孔隙喉道比、体积总值孔径、平均孔径关系

6.4 本章小结

(1) 在分析国内外有关微孔隙孔径分类方案的基础上,根据不同化学注浆固结体的累计进汞量、阶段进汞量与孔径关系特点,统计了曲线发生突变的点的孔径,笔者提出了化学注浆固结砂微孔孔径结构的分类方案。

(2) 对几种化学注浆固砂体的孔隙压汞试验数据进行了统计,结果表明,砂样的化学注浆体以及砂与不同比例的化学浆液的固砂体中主要是大孔和超大孔为主;半胶结砂岩分布范围宽,超大孔占 31.9%~61.0%,其他各孔占

10%～20%。孔比表面积统计结果表明，各类样品中微孔和过渡孔的比表面积占有很大的比例，中孔以上的比表面积所占比例相对较少。进汞曲线和退汞曲线的形状类似，表明砂样化学注浆体孔隙连通性好，以开孔为主，少量半封闭孔隙。半胶结砂岩注浆模型样品，退汞曲线呈现“突降”的特点，表明样品内存在着细颈瓶孔，连通性差。

(3) 化学注浆固砂体样的微孔隙类型主要有颗粒粒间孔、浆液粒间孔和颗粒—浆液边界孔和颗粒溶蚀孔等。化学注浆固砂体样的微裂隙类型主要有颗粒内裂隙、浆液固结体内裂隙、颗粒—浆液边界裂隙三种。

(4) 根据化学注浆固砂体的微孔喉特征，提出了孔喉简化模型，该模型是一个复杂的孔隙喉道组成的网络系统，由以下部分组成：颗粒间孔隙（被充填或者部分被充填）、浆液固结体粒间孔隙、颗粒内的溶蚀孔隙、颗粒内部裂隙、浆液内部裂隙、颗粒—浆液界面裂隙等。从化学注浆固砂体的孔隙结构网络概化模型可以清楚地看到，决定化学注浆体渗透性的主要因素为充填程度和颗粒内裂隙、浆液固结体裂隙、脱壳裂隙。

(5) 随浆液含量的增加，不同充填程度化学浆液固砂体的总孔隙体积、总孔比表面积也增加，孔隙率也随浆液含量增加而增大，体积中值孔径、平均孔径随含浆液量增加减小，浆液含量在10%时体积中值孔径最大；渗透系数也随浆液含量增加而减小。

对于三种注浆砂样，在同样的围压和同样渗透压差条件下，渗透试验后的样品，呈现细砂化学注浆固砂体总孔隙体积、总孔比表面积、体积中值孔径、孔隙率高于粗砂化学注浆固砂体的数值，面积中值孔径、平均孔径低于粗砂化学注浆固砂体的数值，其渗透系数也高于粗砂化学注浆固砂体的渗透系数，推断原因是粗砂注浆前孔喉尺寸大，浆液渗透扩散好，浆液充填好。黏土质砾砂由于注浆时浆液难以注入，浆液没有能够扩散到孔隙中，渗透系数降低不明显。

渗透率与门槛压力关系有呈反比的趋势，退汞效率与孔隙喉道比呈反比关系趋势，渗透系数与孔隙喉道比成正比，渗透系数与孔隙喉道比、体积中值孔径、平均孔径成正比。

(6) 对几种化学注浆固砂体的孔隙压汞试验数据进行了统计，结果表明，砂样的化学注浆体以及不同充填程度化学浆液固砂体中主要是大孔和超大孔为主，半胶结砂岩分布范围宽，超大孔占31.9%～61.0%，其他各孔占10%～20%。孔比表面积统计结果表明，各类样品中微孔和过渡孔的比表面积占有很大的比例，中孔以上的比表面积所占比例相对较少。进汞曲线和退汞曲线的形状类似，表明化学注浆固砂体孔隙连通性好，以开孔为主，少量半封闭孔隙。半胶结砂层注浆模型样品，退汞曲线呈现“突降”的特点，表明样品内存在着细颈瓶孔，连通性变差。

7 结 论

(1) 研究了华东几个矿区厚松散层的层组特点、物质组成、物理力学性质等工程地质特性,分析了厚松散层的物理力学性质和渗透特性随着深度的变化,特别是松散层的渗透特性和可注性。矿区深部砂层的粒度成分显示,其针对粒状注浆材料的可注性不好。

(2) 模拟制备了半胶结砂岩注浆模型,通过渗透试验获得了半胶结砂岩样化学注浆前和注浆后的渗透性指标。结果表明,注浆前半胶结砂岩样的渗透性主要取决于砂样的有效粒径和≥0.5 mm 的粗粒含量,渗透系数和有效粒径及粗粒含量呈近似指数函数关系;注浆试验表明,第一次注浆半胶结砂岩的化学浆液在渗透压差下的可灌注性主要取决于试样的大开口孔隙率(常压下的吸水率),第二次注浆后浆液固结体的抗渗性能趋于接近。

(3) 对半胶结砂岩层进行了模拟注浆试验研究,采用电法和声波监测了浆液的扩散规律和固结体的密度。结果表明,钻孔向周边注浆浆液渗透随着时间基本上呈同心圆状扩展;在相同注浆压力下,浆液在不同渗透介质中的扩散速度具有明显差异。例如,在 0.25 MPa 注浆压力下,渗透性大的 A 层中的浆液扩散速度是渗透性小的 B 层的 2.38 倍;浆液在 B 层中扩散距离只有 A 层中的 3/4,反映了半胶结砂岩渗透性对浆液扩散的重要影响。声波测试反映出不同位置注浆体的密度不同,距离钻孔近的位置浆液密度较大。

(4) 分析研究了化学浆液在砂层和半胶结砂层中扩散时的浆液浓度分异现象。对先期模型试验获得化学浆液固结体进行切片,并采用图像处理技术,获得了浆液扩散浓度等值线。结果表明,浆液的浓度随着距离注浆孔有降低趋势,但是也存在局部富集现象,浆液浓度的分区必然会造成注浆体渗透性和抗渗性能的差异。

(5) 研制了气压控制注浆试样制备装置。该装置可以进行双液注浆或单液注浆,能够控制浆液的不同配比和灌注压力,通过气缸活塞来对土样施加压力,可以模拟不同深度和不同压力环境下的化学注浆。

(6) 采用 GDS 静态高压三轴试验系统,通过对砂样和不同注浆条件、不同浆液配比的化学注浆固砂体，在围压条件下的渗透试验，获得了砂样和化学注浆固砂体在不同围压、不同渗透压差下渗透系数的变化特点，主要认识如下：

① 对制备的注浆前的细砂和粗砂样品进行了渗透试验。结果表明，粗砂和细砂在高围压条件下，渗透系数均会随围压的增大而减小；在实际渗透水力梯度小于50时，渗透系数会随水力梯度的增大而逐渐增大。在加载过程中，渗透系数随着围压的增大逐渐减小，卸载阶段渗透系数又逐渐增大，并且卸载后的渗透系数很难恢复到加载时的渗透系数；对同一砂样，逐级加载至某一围压后的渗透系数明显高于平行砂样一次加载至某一相同围压后所得到的渗透系数；渗透过程中试样的体积变化和渗透试验前、后的粒度成分变化表明，高围压作用一方面使得砂土试样中的孔隙被压密，试样发生了体缩；另一方面使砂样中的某些大颗粒被压碎成小颗粒，导致砂土的颗粒级配改变；两者共同作用，使得高围压下砂土的渗透系数降低。

② 对模型试验用的半胶结砂岩注浆前样品和注浆后的固结体进行了渗透试验。试验的围压从400～8 000 kPa，渗透压差为50～600 kPa。结果表明，注浆前半固结砂在一定围压下，渗透系数随着渗透压差的增大而增大；渗透系数随围压的变化则表现出不同的特点：砂层A注浆前的渗透系数随围压增加(400～2 000 kPa)而增加，而注浆前砂层B渗透系数随围压(1 000～8 000 kPa)增大而减小。注浆后砂层B的高压渗透试验结果表明，渗透压差一定时，渗透系数随围压增大而减小。

③ 对注浆获得的三种化学注浆砂样固砂体样品进行了渗透试验。试验围压为200～4 000 kPa，渗透压差40～1 500 kPa。结果表明，对于粗砂化学注浆固砂体试样，围压一定时，渗透系数随渗透压差的增大而增大；渗透压差一定时，围压不超过1 000 kPa时，渗透系数随围压增大而减小，围压从1 000 kPa逐渐减小，渗透系数随围压逐级减小而逐渐增大，而且渗透系数回升的幅度在围压越小时，幅度越大。当围压大于2 000 kPa、渗透压差一定时，渗透系数随围压增大而逐渐增大。对细砂化学注浆固砂体样和黏土质砾砂化学注浆固砂体的渗透试验，表现出与上述粗砂化学注浆固砂体渗透试验类似的规律，如渗透系数随压差增大而增大、随着渗透压差的减小而减小，但是也表现出一些不同的地方，比如黏土质砾砂化学注浆固砂体在高围压下的渗透系数低于低围压下的渗透系数，细砂化学注浆固砂体的渗透系数则随着围压的增大呈现出增大的趋势。

④ 分别进行砂样加浆液3%～40%固化砂的渗透试验，试验围压为400

～8 000 kPa，渗透压差为 50～1 500 kPa。试验表明，渗透系数随围压增大而减小，渗透系数随含浆液比例增大而减小，浆液含量低于 30%时，渗透系数变幅大，浆液含量在 30%～40%时，渗透系数变幅小。围压设定条件下，渗透系数有随压差增大而增大的趋势。

（7）在分析国内外有关微孔隙孔径分类方案的基础上，根据不同化学注浆固砂体的累计进汞量、阶段进汞量与孔径关系特点，统计了微孔分布曲线发生突变的点的孔径，提出了化学注浆固砂体微孔孔径结构的分类方案。

（8）利用扫描电子显微镜和压汞试验结果系统地研究了化学注浆固砂体的微孔隙结构、微裂隙结构及其连通性。研究发现，化学注浆固砂体样的微孔隙类型主要有颗粒粒间孔、浆液粒间孔和颗粒—浆液边界孔和颗粒溶蚀孔等；化学注浆固砂体样的微裂隙类型主要有颗粒内裂隙、浆液固结体内裂隙、颗粒—浆液边界裂隙等三种。

（9）根据化学注浆固砂体的微孔喉道结构特征，提出了简化孔隙吼道网络概念模型。该模型是一个复杂的孔隙喉道组成的网络系统，包括：颗粒间孔隙（被充填或者部分被充填）、浆液固砂体粒间孔隙、颗粒内的溶蚀孔隙等、颗粒内部裂隙、浆液固结体内部裂隙、颗粒—浆液界面裂隙等。从化学注浆固砂体的孔隙吼道网络概念模型可以清楚地看到，化学注浆固砂体的防渗微观机理，即决定化学注浆固砂体抗渗性能的主要因素是孔隙的充填程度、颗粒内裂隙发育情况、浆液固结体内裂隙和颗粒—浆液边界裂隙（脱壳裂隙）的发育程度等。

（10）利用压汞试验研究了化学注浆固砂体的孔隙结构特点，并分析了与渗透性的关系。对几种化学注浆固砂体压汞试验结果的统计表明，化学注浆固砂体以及不同充填程度化学浆液固砂体中的孔隙，主要是以大孔和超大孔为主，半胶结砂岩分布范围宽，超大孔占 31.9%～61.0%。孔比表面积统计结果表明，各类样品中微孔和过渡孔的比表面积占有很大的比例，中孔以上的比表面积所占比例相对较少。进汞曲线和退汞曲线的形状类似，表明化学注浆固砂体孔隙连通性好，以开孔为主，少量半封闭孔隙。半胶结砂岩注浆模型样品内存在着细颈瓶孔，连通性变差。随浆液含量的增加，不同充填程度化学浆液固砂体的总孔隙体积、总孔比表面积也增加，孔隙率也随浆液含量增加而增大，体积中值孔径、平均孔径随含浆液含量增加而减小；渗透系数随浆液含量增加而明显减小。对于三种化学注浆固砂体，在同样的围压和同样渗透压差条件下，渗透试验后的样品细砂化学注浆固砂体总孔隙体积、总孔比表面积、体积中值孔径、孔隙率高于粗砂化学注浆固砂体的值，而面积中值孔径、平均孔径低于粗砂化学注浆固砂体的值，其渗透系数也高于粗砂化学注浆固砂体的渗透系数，推断原因是粗砂注浆前孔喉尺寸大，浆液渗透扩散好，浆液充填好。黏土质砾砂由于注浆时浆液难以注入，渗透系数降低不明显。渗透系数与孔隙喉道比、体积中值孔径、平均孔径成正比。

参考文献

[1] 周国庆.黄淮地区厚冲积层中立井井壁破裂灾害[C]//王思敬,黄鼎成.中国工程地质世纪成就.北京:地质出版社,2004.

[2] 周国庆,程锡禄,崔广心.粘土层中立井井壁附加力的模拟研究[J].中国矿业大学学报,1991,20:87-89.

[3] 倪兴华,隋旺华,官云章,等.煤矿立井井壁破裂防治技术研究[M].徐州:中国矿业大学出版社,2005.

[4] 琚宜文,刘宏伟,王桂梁,等.卸压套壁法加固井壁的力学机理与工程应用[J].岩石力学与工程学报,2003,22(5):773-777.

[5] 杨平.卸压槽治理井壁破裂研究[J].岩土工程学报,1998,20(3):19-22.

[6] 吕恒林,崔广心.卸压法治理井壁破裂的力学机理[J].中国矿业大学学报,2000,29:343-347.

[7] 刘天泉.露头煤柱优化设计理论与技术[M].北京:煤炭工业出版社,1998.

[8] 隋旺华,董青红,狄乾生,等.工程地质模型在防水煤岩柱研究中的应用[J].中国矿业大学学报,1999,28:417-420.

[9] SUI WANGHUA, YANG SIGUANG. Study on the safety pillars under water-bearing strata of mining thick coal seam using fully mechanized sub-level caving method in Taiping coalmine, Shandong Province, China. Proc.of the 2nd international conference on NDRM[C]. USA: Rinton Press, 2002:487-490.

[10] 隋旺华,费芳草.松散含水层下采煤水砂突涌防治研究现状与展望[C]//第二届全国岩土与工程学术大会论文集.武汉,2006:310-314.

[11] 隋旺华,蔡光桃,董青红.近松散层采煤覆岩采动裂缝水砂突涌临界水力坡度试验[J].岩石力学与工程学报,2007,26(10):2084-2091.

[12] 董青红.近松散层开采水砂突涌机制及评价[D].徐州:中国矿业大学,2006.

[13] 隋旺华,董青红,蔡光桃,等.采掘溃砂机理与预防[M].北京:地质出版

社,2008.

[14] 隋旺华,董青红.近松散层开采孔隙水压力变化及其对水砂突涌的前兆意义[J].岩石力学与工程学报,2008,27(9):1908-1916.

[15] SUI WANGHUA, LIANG YANKUN, WANG WENXUE, et al. Mechanism and risk assessment of sand flow hazards due to coalmining adjacent to unconsolidated aquifers[A].Environmental Geosciences and Engineering Survey for Territory Protection and Population Safety. International Conference under the AEGIS of IAEG, Moscow, Russia, 2011:182(abstract),581-585(full paper).

[16] 梁艳坤,隋旺华.地下松散层内疏放水钻孔溃砂量模拟试验[J].水文地质工程地质,2011,38(3):39-44.

[17] 洪伯潜.特殊凿井技术在我国的发展与前景[J].中国煤炭,2000,26(4):60-64.

[18] 许延春,席京德,官云章,等.兴隆庄矿井筒破坏防治工程效果的综合监测与分析[J].岩石力学与工程学报,2001,20(增):1204-1208.

[19] 坪井直道.吴永宽译.化学注浆法的实际应用[M].北京:煤炭工业出版社,1980.

[20] 黄月文.高分子注浆材料应用研究进展[J].高分子通报,2000(4):71-75.

[21] VIK E A, SVERDRUP L, KELLEY A, et al. Experiences from environmental risk management of chemical grouting agents used during construction of the Romeriksporten tunnel[J]. Tunnelling and Underground Space Technology,2000,15(4):369-378.

[22] 隋旺华,张改玲,姜振泉,等.矿井溃砂灾害化学灌浆治理技术现状及关键问题研究途径探讨[J].工程地质学报,2008,16(S):73-77.

[23] SUI W H, ZHANG G L, WANG W X, et al. Chemical grouting for seepage control through a fractured shaft wall in an underground coalmine[A]//Geologically Active-Proceedings of the 11th IAEG Congress[C].New Zealand: Tailor & Francis Group,2010:3617-3623.

[24] 程骁,张凤祥.土建注浆施工与效果检测[M].上海:同济大学出版社,1998.

[25] SVERDRUP L E, KELLEY A E, WEIDEBORG M, et al. Leakage of chemicals from two grouting agents used in tunnel construction in Norway: monitoring results from the tunnel romeriksporten[J]. Environmental

Science & Technology,2000,34(10):1914-1918.

[26] YESILNACAR M I.Grouting applications in the Sanliurfa tunnels of GAP, Turkey [J]. Tunnelling and Underground Space Technology, 2003,18(4):321-330.

[27] 蒋硕忠.绿色化学灌浆技术研究综述[J].长江科学院院报,2006,23(5):33-40.

[28] 左如松,朱岩华,姜振泉.化学注浆在兴隆庄煤矿西风井深井井筒微裂隙防渗中的应用[J].华东地质学院学报,2003,26(4):371-375.

[29] 蔡荣,姜振泉,梁媛,等.煤矿井筒重复破坏的化学注浆治理[J].煤田地质与勘探,2003,31(4):46-48.

[30] 朱岩华,姜振泉.用化学止水注浆法治理井壁破坏[J].江苏煤炭,2004(2):78-79.

[31] 刘勇,王档良,赵庆杰.化学注浆治理太平煤矿主井井壁破裂[J].能源技术与管理,2004,29(4):76-77.

[32] 隋旺华,李永涛,李冠田,等.煤矿立井微孔隙岩体注浆防渗及机理分析[J].岩土工程学报,2000,22(2):214-218.

[33] 柴新军,钱七虎,罗嗣海,等.微型土钉微型化学注浆技术加固土质古窑[J].岩石力学与工程学报,2008,27(2):347-353.

[34] ISHII H, KOIZUMI R, MIWA S, et al. Study of rapid permeation grouting and its effectiveness with use of horizontal directional drilling [J]. Journal of the Society of Materials Science Japan, 2008, 57 (1): 28-31.

[35] 张农,许兴亮,程真富,等.穿 435 m 落差断层大巷的地质保障及施工技术[J].岩石力学与工程学报,2008,27(增 1):3292-3297.

[36] UDDIN N.A technical note on stabilization and closure design of a salt mine in Detroit,USA[J].Journal of Mining and Geology,2007,43(1):91-104.

[37] 柴新军,钱七虎,杨泽平,等.点滴化学注浆技术加固土遗址工程实例[J].岩石力学与工程学报,2009,28(S1):2980-2985.

[38] 曹晨明,冯志强.低黏度脲醛注浆加固材料的研制及应用[J].煤炭学报,2009,34(4):482-486.

[39] 徐如意,曹杰,冯永杰,等.化学注浆材料治理无自稳破碎围岩的实践[J].煤炭工程,2009(6):31-33.

[40] 秦定国,肖知国.化学注浆加固技术在采面冒顶防治中的应用[J].中州煤炭,2009(7):80-85.

[41] 龚成明,王永义.高原高寒地区隧道内渗漏水整治与环境保护[J].铁道工程学报,2009(3):33-37.

[42] 吉小明,谭文.饱和含水砂层地下水渗流对隧道围岩加固效果的影响研究[J].岩石力学与工程学报,2010,29(S2):3655-3662.

[43] KEITH L R. Permanent soil nail wall utilizing chemical grout stabilization[C]// Geotechnical Special Publication, Earth Retention Conference 3: Proceedings of the 2010 Earth Retention, 2010, 384 (208):244-251.

[44] 杨学祥,李焰.三峡大坝基础帷幕化学灌浆技术及其效果分析[J].水利与建筑工程学报,2006,4(1):44-47.

[45] DEJONG J T, FRITZGES M B, NÜSSLEIN K. Microbially induced cementation to control sand response to undrained shear[J].Journal of Geotechnical and Geoenvironmental Engineering, 2006, 132 (11): 1381-1392.

[46] 夏可风,张志良.J31 智能灌浆记录仪和 J31-D 多路灌浆监测系统[J].水利水电科技进展,2000,20:58-59.

[47] 叶林宏,何泳生,冼安如,等.论化灌浆液与被灌岩土的相互作用[J].岩土工程学报,1994,16:47-55.

[48] 张良辉,熊厚金,张清.浆液的非稳定渗流过程分析[J].岩石力学与工程学报,1997,16(6):564-570.

[49] 冯志强,康红普,杨景贺.裂隙岩体注浆技术探讨[J].煤炭科学技术,2005,33(4):63-66.

[50] 成虎林.水电工程化学灌浆对浆液扩散有效半径的控制方法[J].西北水电,2006(1):33-34.

[51] OZDEMIR O N, YILDIZ E F, GER M. A numerical model for two-phase immiscible fluid flow in a porous medium [J]. Journal of Hydraulic Research,2007,45(2):279-287.

[52] BOLISETTI T, REITSMA S, BALACHANDAR R. Analytical solution for flow of gelling solutions in porous media[J]. Geophysical Research Letters,2007,34(24):L24401.

[53] UDDIN M K. Permeation grouting in sandy soils: Prediction of injection

rate and injection shape[EB/OL].2007

[54] BOLISETTI T, REITSMA S, BALACHANDAR R. Experimental investigations of colloidal silica grouting in porous media[J].Journal of Geotechnical and Geoenvironmental Engineering, 2009, 135 (5): 697-700.

[55] ALI L, WOODS R D. Pendular element model for contact grouting [C]//GeoHunan International Conference 2009. August 3-6, 2009, Changsha, Hunan, China. Reston, VA, USA: American Society of Civil Engineers, 2009: 87-94.

[56] CHEN Y G, YE W M, ZHANG K N. Strength of copolymer grouting material based on orthogonal experiment[J]. Journal of Central South University of Technology, 2009, 16(1): 143-148.

[57] ADAM BEZUIJEN. Compensation grouting in sand-Experiments, field experiences and mechanisms [D]. Delft: Delft University of Technology, 2010.

[58] 郭密文,隋旺华.高压环境条件下注浆模型试验系统设计[J].工程地质学报,2010,18(5):720-724.

[59] 郭密文.高压封闭环境孔隙介质中化学浆液扩散机制试验研究[D].徐州:中国矿业大学,2010.

[60] 华萍,孙永明,漆尧平.改性乙二醛—水玻璃化学灌浆材料的研究[J].安全与环境工程,2006,13(1):100-102.

[61] 陈洪光,冯坤.提高聚氨酯化学注浆材料性能的试验研究[J].石家庄铁道学院学报,2005,18(3):79-83.

[62] SHEN C K, SMITH SCOTT S. Elastic and viscoelastic behavior of a chemically stabilized sand[J]. Transportation Research Record, 1976, (593): 41-45.

[63] BORCHERT K M, MUELEER-KIRCHENBAUER H. Time-dependent strain behavior of silicate-grouted sand by compressive and tensile stress[C]//Proceedings of the European Conference on Soil Mechanics and Foundation Engineering, 1983(1): 339-345.

[64] DELFOSSE-RIBAY E, DJERAN-MAIGRE I, CABRILLAC R, et al. Factors affecting the creep behavior of grouted sand[J]. Journal of Geotechnical and Geoenvironmental Engineering, 2006, 132 (4):

488-500.

[65] VIPULANANDAN C, KRIZEK R J. Modeling grouted sand under torsional loading[J].Transportation Research Record,1986:33-42.

[66] KRIZEK R J,MICHEL D F,HETAL M,BORDEN R H.Engineering properties of acrylate polymer grout [J]. Geotechnical Special Publication,1992,1(30):712-724.

[67] KUMAGAI K,TOKORO T,YANAGISAWA E.Factors affecting the unconfined compressive strength of sands stabilized by chemical grout [J].Doboku Gakkai Ronbunshu,1993,1993(469):121-126.

[68] DAVID SUITS L, SHEAHAN T C, ANAGNOSTOPOULOS C A. Physical and mechanical properties of injected sand with latex-superplasticized grouts [J]. Geotechnical Testing Journal, 2006, 29 (6):100307.

[69] WARNER J.Soil modification to reduce the potential for liquefaction [C]//Proceedings of the Seminar on Repair and Retrofit of Structures, 1981:342-355.

[70] GRAF E D. Earthquake support grouting in sands [J]. Geotechnical Special Publication,1992,2(30):879-888.

[71] MAKER M H,RO K S,WELSH J P.Cyclic undrained behavior and liquefaction potential of sand treated with chemical grouts and microfine cement (MC-500)[EB/OL].1994

[72] MAKER M H,GUCUNSKI N.Liquefaction and dynamic properties of grouted sand[J].Geotechnical Special Publication,Soil Improvement for Earthquake Hazard Mitigation,1995,(49):37-50.

[73] GALLAGHER P M,CONLEE C T,ROLLINS K M.Full-scale field testing of colloidal silica grouting for mitigation of liquefaction risk[J]. Journal of Geotechnical and Geoenvironmental Engineering,2007,133 (2):186-196.

[74] DASH U,LEE T S,ANDERSON R.Jet grouting experience at posey Webster street tubes seismic retrofit project[C]//Third International Conference on Grouting and Ground Treatment.February 10-12,2003, New Orleans,Louisiana,USA.Reston,VA,USA:American Society of Civil Engineers,2003:413-427.

[75] KODAKA T,OKA F,OHNO Y,et al.Modeling of cyclic deformation and strength characteristics of silica treated sand[C]//Geomechanics. Boston, Massachusetts, USA. Reston, VA: American Society of Civil Engineers,2005:205-216.

[76] BERRY D. Soil grouting-There's only one way to view it[J]. Geotechnical News,2006,24(3): 39-47.

[77] MITTAG J,SALVIDIS S A.The groutability of sands—results from one-dimensional and spherical tests [C]//Third International Conference on Grouting and Ground Treatment.February 10-12,2003, New Orleans,Louisiana,USA.Reston,VA,USA:American Society of Civil Engineers,2003:1372-1382.

[78] OZGUREL H G, GONZALEZ H A, VIPULANANDAN C. Two dimensional model study on infiltration control at a lateral pipe joint using acrylamide grout[C]//Pipeline Division Specialty Conference 2005. August 21-24, 2005, Houston, Texas, USA. Reston, VA, USA: American Society of Civil Engineers,2005:631-642.

[79] OZGUREL H G, VIPULANANDAN C. Effect of grain size and distribution on permeability and mechanical behavior of acrylamide grouted sand [J]. Journal of Geotechnical and Geoenvironmental Engineering,2005,131(12):1457-1465.

[80] ANAGNOSTOPOULOS C A, GRAMMATIKOPOULOS I N, STAVRIDAKIS E I. Improvement of physical and mechanical properties of fine sand with one-shot and two-shot process grouting [C]//Advances in Geotechnical Engineering: The Skempton Conference-Proceedings of a Three Day Conference on Advances in Geotechnical Engineering,2004:1019-1031.

[81] MORIKAWA Y, TOKORO T, TAKAHASHI N. Ground improvement.evaluation of the cohesion of chemically grouted sands [J].Journal of the Society of Materials Science,Japan,1998,47(2): 148-151.

[82] ANAGNOSTOPOULOS C A.Cement-clay grouts modified with acrylic resin or methyl methacrylate ester:Physical and mechanical properties [J].Construction and Building Materials,2007,21(2):252-257.

[83] FALAMAKI A, SHARIATMADARI N, NOORZAD A. Strength properties of hexametaphosphate treated soils [J]. Journal of Geotechnical and Geoenvironmental Engineering, 2008, 134 (8): 1215-1218.

[84] SOUCEK K,STAS L,KROUTILOV I.Laboratory testing of chemical grouting effects in rocks[C]//Proceedings of the 33rd ITA-AITES World Tunnel Congress,2007,1:353-3358.

[85] 刘朝晖,李宇峙,邓廷权.不同养护条件对水泥混凝土强度影响的试验研究[J].广西交通科技,1999,24:42-49.

[86] 王培铭,张国防.不同养护条件下聚合物干粉对水泥砂浆粘结强度的影响[J].干混砂浆,2004(12):37-39.

[87] 胡曙光,何永佳.不同养护制度下混合水泥反应程度的研究[J].武汉科技学院学报,2005,18(12):33-36.

[88] 陈帮建,李瑞,陈美芳.水泥土强度试验主要影响因素的探讨[J].岩矿测试,2005,24(2):159-160.

[89] 吕擎峰,吴朱敏.温度改性水玻璃固化黄土机制研究[J].岩土力学,2013,34(5):1293-1298.

[90] 沈美荣,顾雪珍.聚氨酯防水涂料拉伸性能试验影响因素分析[J].中国市政工程,2009,(6): 56-57.

[91] 李兴贵,张同发.聚氨酯改性混凝土材料探讨[J].世界科技研究与发展,2009,31(5):917-919.

[92] 杨学祥,李焰.三峡大坝基础帷幕化学灌浆技术及其效果分析[J].水利与建筑工程学报,2006,4(1):44-47.

[93] YASUHARA H, HAYASHI K, OKAMURA M. Evolution in mechanical and hydraulic properties of calcite-cemented sand mediated by biocatalyst[C]//Geo-Frontiers Congress 2011.March 13-16,2011, Dallas, Texas, USA. Reston, VA, USA: American Society of Civil Engineers,2011:3984-3992.

[94] OUELLET S, BUSSIERE B, AUBERTIN M, et al. Microstructural evolution of cemented paste backfill: Mercury intrusion porosimetry test results [J]. Cement and Concrete Research, 2007, 37 (12): 1654-1665.

[95] 简文彬,张登,黄春香.水泥-水玻璃固化软土的微观机理研究[J].岩土

工程学报,2013,35(S2):632-637.
[96] 王星华.粘土固化浆液固结过程的 SEM 研究[J].岩土工程学报,1999,21(1):34-40.
[97] KAROL R H.Chemical grouting and soil stabilization[M].3rd edition. Marcel Dekker-Taylor and Francis,CRE.,2003.
[98] AKAGI H,KOMIYA K,SHIBAZAKI M.Long term field monitoring of chemically stabilized sand with grouting[C]//Ground Improvement Technologies and Case Histories. December 9-11, 2009. Singapore. Singapore:Research Publishing Services,2009:383-387.
[99] ANAGNOSTOPOULOS C A,PAPALIANGAS T,MANOLOPOULOU S, et al.Physical and mechanical properties of chemically grouted sand[J]. Tunnelling and Underground Space Technology,2011,26(6):718-724.
[100] MOLLAMAHMUTOGLU M,YILMAZ Y.Engineering properties of medium-to-fine sands injected with microfine cement grout[J].Marine Georesources & Geotechnology,2011,29(2):95-109.
[101] YASUHARA H, HAYASHI K, OKAMURA M. Evolution in mechanical and hydraulic properties of calcite-cemented sand mediated by biocatalyst[C]//Geo-Frontiers Congress 2011.March 13-16,2011, Dallas, Texas, USA. Reston, VA, USA: American Society of Civil Engineers,2011:3984-3992.
[102] 桂和荣,陈兆炎,刘林,等.淮河以北矿区地面沉降及其成因[J].煤田地质与勘探,1994,22(5):40-43.
[103] 中华人民共和国建设部.岩土工程勘察规范:GB 50021—2001[S].北京:中国建筑工业出版社,2001.
[104] 中华人民共和国水利部.土的工程分类标准:GB/T 50145—2007[S].北京:中国建筑工业出版社,2007.
[105] 张改玲.矿区厚松散层土体结构特征研究[J].工程地质学报,2000,8(S):366-368.
[106] 王祯伟.论孔隙含水层的沉积特征与水文地质条件的关联机理[J].煤炭学报,1993,18(2):81-88.
[107].张改玲,陈德俊.太平煤矿深厚土层的水文地质工程地质性质[J].煤田地质与勘探,1999,27(2):42-44.
[108] KAROL R H.Soils and soil Engineering,Prentice-Hall[J].Englewood

Cliffs,N.J.,1960:46-47.
[109] LITTLEJOHN G S. Text material for grouting course sponsored by south african institution of civil engineers at the University of Witwatersrand[R].Johannesburg,1983.
[110] KAROL R H.Grout penetrability,issues in dam grouting,geotechnical engineering division[M].ASCE,New York,1985.
[111] BAKER W H.Planning and performing structural chemical grouting [C]//Proceedings of the ASCE Specialty Conference Grouting in Geotechnical Engineering,ASCE,New York,1982.
[112] HUANG A B,BORDEN R H.Non-Darcian flow of viscous permeants under high gradients[R]. Technical Report No. HB-4, Northwestern University,Evanston,1979.
[113] 安勇,牟永光,方朝亮.沉积岩的速度、衰减与岩石物理性质间的关系[J].地球物理学报,2006,41(2):188-192.
[114] 宛新林,杜赟,薛彦伟,等.岩石时频效应的实验研究[J].实验力学,2009,24(4):307-312.
[115] 王档良.破壁化学注浆模拟试验研究及工程应用[D].徐州:中国矿业大学,2005.
[116] 付宏渊,吴胜军,王桂尧.荷载作用引起砂土渗透性变化的试验研究[J].岩土力学,2009,30(12):3677-3681.
[117] 中华人民共和国水利部.土工试验规程:SL 237—1999[S].北京:中国水利水电出版社,1999.
[118] GDS INSTRUMENTS LTD.GDSLAB V2-The GDS laboratory users handbook(R),2003.
[119] 李智毅杨裕云.工程地质学概论[M].武汉:中国地质大学出版社,1994.
[120] 张改玲,王雅敬.高围压下砂土的渗透特性试验研究[J].岩土力学,2014,35(10):2748-2754.
[121] PRICE W G,POTTER A,THOMSON T K,et al.Discussion on dams on sand foundations[J].Transactions of the American Society of Civil Engineers,1911,73(3):190-208.
[122] 岳中文,杨仁树,孙中辉,等.伊犁一矿砾石土三轴渗透试验研究[J].中国矿业,2010,19(12):98-101.
[123] 赵天宇,张虎元,严耿升,等.渗透条件对膨润土改性黄土渗透系数的影

响[J].水文地质工程地质,2010,37(5):108-112.

[124] 雷红军,卞锋,于玉贞,等.黏土大剪切变形中的渗透特性试验研究[J].岩土力学,2010,31(4):1130-1133.

[125] BOLTON A J. Some measurements of permeability and effective stress on a heterogeneous soil mixture: implications for recovery of inelastic strains[J].Engineering Geology,2000,57(1/2):95-104.

[126] SUI W H, LIU J Y, D Y. Permeability and seepage stability of coal-reject and clay mix[C]// Procedia Earth and Planetary. The 6th International Conference on Mining Science & Technology, 2009: 888-894.

[127] Paola B, Sittampalam S. Effects of silt content and void ratio on the saturated hydraulic conductivity and compressibility of sand-silt mixtures [J]. Journal of Geotechnical and Geoenvironmental Engineering,2009,135(12):1976-1980.

[128] PENDER M J, KIKKAWA N, LIU P. Macro-void structure and permeability of Auckland residual clay[J].Geotechnique,2009,59(9): 773-778.

[129] ODA M, TAKEMURA T, AOKI T. Damage growth and permeability change in triaxial compression tests of Inada granite[J].Mechanics of Materials,2002,34(6):313-331.

[130] 徐德敏,黄润秋,张强,等.高围压条件下孔隙介质渗透特性试验研究[J].工程地质学报,2007,15(6):752-756.

[131] PALARDY D, ONOFREI M, BALLIVY G. Microstructural changes due to elevated temperature in cement based grouts[J]. Advanced Cement Based Materials,1998,8(3/4):132-138.

[132] O′CONNOR K M, KRIZEK R J, ATMATZIDIS D K. Microcharacteristics of chemically stabilized granular materials[J]. Journal of the Geotechnical Engineering Division, 1978, 104 (7): 939-952.

[133] 李云峰.粘性土孔隙分布改变的水文地质效应[C]//西安工程学院.地质工程与水资源新进展.西安:陕西科学技术出版社,1997.

[134] MINDESS S, YOUNG J F. Concrete, A]. Prentice-Hall: Englewood Cliffs, NJ, 1981.

[135] 吴恩江,韩宝平,王桂梁,等.山东兖州煤矿区侏罗纪红层孔隙测试及其影响因素分析[J].高校地质学报,2005,11(3):442-452.

[136] YANG Y L, APLIN A C. A permeability-porosity relationship for mudstones [J]. Marine and Petroleum Geology, 2010, 27 (8): 1692-1697.

[137] DAVID C, MENENDEZ B, ZHU W, et al. Mechanical compaction, microstructures and permeability evolution in sandstones[J]. Physics and Chemistry of the Earth, Part A: Solid Earth and Geodesy, 2001, 26 (1/2): 45-51.

[138] NELSON P H. Permeability-porosity data sets for sandstones[J]. Leading Edge(Tulsa, OK), 2004, 23(11): 1143-1144.

[139] 雷祥义.中国黄土的空隙类型与湿陷性[J].中国科学(B辑),1987(12):1309-1316.

[140] 近藤连一,大门正机.硬化水泥浆的相组成[A].第六届国际水泥化学会议论文集第二卷.北京:中国建筑工业出版社,1982.

[141] ХОДОТ В В.煤与瓦斯突出[M].宋世钊,王佑安,译.北京:中国工业出版社,1966.

[142] 郑求根,张育民,赵德勇.太康隆起下古生界碳酸盐岩孔隙类型及特征[J].河南石油,1996,10(5):1-5.

[143] LØNØY A. Making sense of carbonate pore systems [J]. AAPG Bulletin, 2006, 90(9): 1381-1405.

[144] 张绍槐,罗平亚.保护储集层技术[M].北京:石油工业出版杜,1993.

[145] 高辉,孙卫,费二战,等.特低-超低渗透砂岩储层微观孔喉特征与物性差异[J].岩矿测试,2011,3(2):244-250.

[146] 罗蛰潭,王允诚.油气储集层的孔隙结构[M].北京:科学出版社,1986:47-48.

[147] 孙黎娟.砂岩孔隙空间结构特征研究的新方法[J].大庆石油地质与开发,2002,21(1):29-31.

[148] 张立娟,岳湘安.聚合物溶液在孔喉模型中的阻力特性[J].中国科学技术大学学报,2004,34(S):12-28.

[149] 曹仁义,程林松,郝炳英,等.粘弹性聚合物溶液孔喉模型流变动力分析[J].高分子材料科学与工程,2008,24(3):15-18.

[150] 童凯军,单钰铭,王道串,等.基于毛管压力曲线的储层渗透率估算模

型:以塔里木盆地上泥盆统某砂岩组为例[J].石油与天然气地质,2008,29(6):812-818.